これから学会発表する若者のために

第2版

ポスターと口頭のプレゼン技術

大改訂

酒井 聡樹 著

共立出版

|JCOPY| <出版者著作権管理機構委託出版物>
本書の無断複製は著作権法上での例外を除き禁じられています．複製される場合は，そのつど事前に，
出版者著作権管理機構（ＴＥＬ：03-5244-5088，ＦＡＸ：03-5244-5089，e-mail：info@jcopy.or.jp）の
許諾を得てください．

はじめに

　本書は，これから学会発表する若者のための本である。学会発表をしたことがない若者や，経験はあるものの，学会発表に未だ自信を持てない若者のための入門書だ。理系文系は問わない。どんな分野にも通じるように書いた。

　あなたは今，若手教員・ポスドク・研究生・大学院生・卒業研究生として研究に勤しんでいるはずである。研究成果を出したら，それを学会で発表することになるだろう。その目的は，あなたの発表を聴衆に理解してもらうことである。そして，研究の価値を認めてもらうことである。しかし，わかりやすい発表の仕方を知らずに臨むと悲惨なことになる。せっかくの発表も，聴衆に理解してもらえずに終わってしまうであろう。だから必ず，わかりやすい発表の仕方を身につけないといけない。

　わかりやすい発表をするためには，4つのことを心がける必要がある。

> 1 発表内容を練ること。
> 2 わかりやすいポスター・スライドを作ること。
> 3 発表本番で，ポスター・スライドを明瞭な論理で説明すること。
> 4 質問にわかりやすく答えること。

以下で，それぞれについて説明しよう。

1．発表内容を練ること

　発表内容を練ることがまずもって大切である。序論・研究方法・結果・考察・結論の各部分で何を伝えるべきなのか。これを知らずして，良い発表をすることなどできないのだ。これは，プレゼン技術以前の——しかし，研究の本質により深く関わる——問題である。伝える内容がしっかりしていてこそ，それを伝える技術（プレゼン技術）を活かすことができるのだ。

2．わかりやすいポスター・スライドを作ること

　プレゼンを成功させるためのかなりの部分が，わかりやすいポスター・スライドを作ることにかかっている。説明なしに見ただけで理解できるポスター・スライドを作れば，聴衆を失う可能性はかなり減るのだ。そのためにあなたは，わかりやすいポスター・ス

はじめに

ライドとはどういうものなのかを理解し，それを具現する技術を身につける必要がある。

3．発表本番で，ポスター・スライドを明瞭な論理で説明すること

むろん，発表本番での説明も大切である。あなたは，理解しようという姿勢を聴衆から引き出さなくてはいけない。それがうまくいくかどうかは，あなたの説明の仕方にかかっている。

4．質問にわかりやすく答えること

質疑応答もうまくやらないといけない。質問者の意図を的確に理解し，それに簡潔に答えること。これができれば，聴衆もあなたも有意義な時間を過ごすことができる。

本書には，これら4つをすべて書いた。つまり，**これから学会発表する若者にとって必要なことをすべて書いた。**

本書は，学会への臨み方を書いた本でもある。学会とはどういうものなのか，そこに行って何をすべきなのかも書いているのだ。学会は，誰にとっても非常に有益な場である。そこでいかに濃密な時間を過ごすことができるか。それが，今後の研究の大きな糧となる。しかし，漫然と参加しても得るものは少ない。学会では積極的に行動しないといけないのだ。そのための指針も，本書から読み取って欲しい。

本書の構成

本書は3部構成である。

第1部では，学会発表の前に知っておきたいことを説明する。学会とは何なのか，学会発表とはどういうものなのか，学会に行って何をするべきなのか。第1部は，学会への臨み方の説明である。

第2部では，発表内容の練り方を説明する。ここでの説明は，論文の書き方にも通じるものである。

第3部では，学会発表のためのプレゼン技術を説明する。わかりやすいポスター・スライドの作り方。発表本番での，ポスター・スライドの説明の仕方。質疑応答の仕方。これらを徹底的に説明している。

本文中の例では，青囲みで良い例を，赤囲みで悪い例を示した。本書の折り込みに，ポスター見本とスライド見本を掲載している。切り取って，手元に置きながら読み進めてほしい。

はじめに

(良い例)

(良いスライド例)

(悪い例)

(悪いスライド例)

本書が対象とする読者

本書が対象とする読者は,「これから学会発表する若者」である.具体的には,次のような人たちを想定している.

☐ 研究の世界に入ったばかりの大学院生・学部生.自分が学会発表する日を夢見ながら,これからの研究生活に打ち込んで欲しい.
☐ 学会発表の経験が浅い大学院生・学部生.本書の内容が,学会発表をする上で役立つことを切に願っている.
☐ 博士論文・修士論文・卒業論文の発表や,研究室セミナー等を行う学生.本書の内容は,これらの発表にもそのまま通じるものである.
☐ 学生の発表指導をする立場になったばかりの若手教員.教える側の理論武装の1つとして本書を役立てて欲しい.
☐ 高校での課題研究を指導する先生方.高校生へのプレゼン指導のために活用して欲しい.
☐ 研究の世界以外の場でプレゼンをする方々.どんな世界においても,わかりやすいプレゼンの必要性は高いであろう.本書は,こうした方々にも役立つはずである.

なぜ,サッカーの喩えなのか

本書では,サッカーの例を用いた説明をしばしば行う.これは,私がサッカーを愛しており,そして,日本にサッカー文化が根づくことを切に願っているからである.サッカーとは関係のない場面にも,ごく自然にサッカーの話が出てくることが私の夢なのだ.また,仙台市に所在し,宮城県民のJリーグクラブであるベガルタ仙台も随所に登場する.これも,ベガルタ仙台を私が愛しているがゆえである.たしかに,浦和レッズとか鹿島アントラーズとか,全国的に有名なクラブを例にしたほうが多くの方には馴染みやすいことは認めよう.しかしそれは私にはできない.Jリーグクラブを例に使うなら,

ベガルタ仙台でなくてはいけないのだ。

さらなる高みへ

　学会発表したら，その内容を論文にしよう。研究成果を発表する正式な場は論文なのだ（第1部3.1節参照；p.9）。論文にしないと，せっかくの研究が，正式な成果としては認知されないままに終わってしまうことになる。
　論文執筆においては，以下の本が役に立つと思う。

　　　酒井聡樹（2015）『これから論文を書く若者のために：究極の大改訂版』共立出版

第2版に向けての言葉

　本書初版が出版されてから9年半が経った。その間も私は，わかりやすいプレゼンをずっと追求してきた。発表内容の練り方（本書第2部にまとめているもの）に関しても思考を続けてきた。そして，この9年半に得たものをすべて注ぎ込み，新たなる本として生まれ変わらせたいと思った。
　説明の仕方も大きく変えた。各章の冒頭に要点をおき，重要なことがすぐにわかるようにした。ポスター・スライドの良い例と悪い例を対にして出し，良い点と悪い点が明確になるようにした。わかりやすさという点でも大きく進歩したと思う。
　改訂部分を記しておく。

大改訂した部分
　　第2部第3章　序論で説明すべきこと
　　第2部第4章　演題の付け方
　　第2部第6章　研究結果・考察・結論の示し方
　　第3部第4章　ポスター・スライドに共通するプレゼン技術
　　第3部第5章　図表の提示の仕方
　　第3部第8章　スライドの作り方
中改訂した部分
　　第2部第2章　取り組む問題と結論を決める
　　第3部第6章　ポスターの作り方
小改訂した部分
　　第1部第2章　学会に行く目的

第 1 部第 3 章　学会発表とは何か
第 1 部第 6 章　学会が終わった後にすべきこと
第 2 部第 7 章　講演要旨の書き方
第 3 部第 2 章　わかりやすい発表をするために心がけること

新たに書き加えた部分
第 1 部第 4 章　学会発表するかどうかの判断
第 2 部第 1 章　ポスター・スライドの構成要素

独立の章とした部分
第 3 部第 3 章　すっきりとしていてわかりやすい話にするコツ

謝辞

本書を書く上で，以下の方々にお世話になった。篤くお礼申し上げる。

初版執筆時にお世話になった方々
- 竹中 明夫さん・石井 博さん・牧野 崇司さん・森長 真一さん・酒井 暁子さんには，原稿を読んでいただき貴重な意見をいただいた。
- 大西 尚樹さん・三中 信宏さんは，ご自身のプレゼン技術を伝授して下さった。
- 今治 安弥さん・岩泉 正和さん・山崎 実希さんには，本書の内容に関しての要望を聞かせていただいた。
- 秋田 理紗子さん・板垣 智之さん・伊藤 聖さん・今井 はるかさん・小黒 芳生さん・片淵 正紀さん・小嶋 智巳さん・長嶋 寿江さん・濱尾 章二さん・松橋 彩衣子さんには，プレゼンのわかりやすさに関する意見を頂いた。
- 第 55 回日本生態学会福岡大会において私は，ポスター発表・口頭発表をつぶさに観察した。おかげで，良い発表・悪い発表とはどういうものなのかについて考えを深めることができた。当大会での発表者にも謝辞を贈りたい。
- 共立出版の信沢 孝一さん・松本 和花子さんは，本書出版のために色々とお骨折り下さった。
- 伊藤 聖さん・今井 はるかさん・片淵 正紀さん・小嶋 智巳さん・高柳 咲乃さん（以上，FC ポスター発表），秋田 理紗子さん・小黒 芳生さん・神山 千穂さん・永野 聡一朗さん・渡邉 可奈子さん（以上，FC 口頭発表）は，初版の表紙のモデルになってくれた。
- 「牛たん炭焼 利久」さんは，牛タン定食の写真を提供して下さった。

はじめに

第 2 版執筆時にお世話になった方々

- 石井 博さん・森長 真一さん・土松 隆志さん・山内 千尋さん・大谷 早紀さんには，原稿を読んでいただき貴重な意見をいただいた。
- 板垣 智之さん・岡 千尋さん・望月 潤さん・中軽米 聖花さん・星 広太さん・松本 洋平さん・小山 有夢さん・青柳 優太さん・上村 和也さん・古川 知代さん・小野 喬亮さん・川野辺 悠馬さん・下野谷 涼子さん・長谷川 拓也さん・河井 勇高さん・品川 さやさん・村越 法子さんには，わかりやすいポスター・スライドに関して意見を頂いた。
- 共立出版の信沢 孝一さん・山内 千尋さん・大谷 早紀さんは，第 2 版出版のために色々とお骨折り下さった。
- 村川 直柔さん・丸岡 奈津美さん・村越 法子さん・吉田 直史さん・大石 雄太さん（以上，FC ポスター発表），品川 さやさん・青柳 優太さん・小山 有夢さん・岡 千尋さん・長谷川 拓也さん（以上，FC 口頭発表）は，第 2 版の表紙のモデルになってくれた。
- 表紙のモデルの方々および板垣 智之さん・谷 美智さん・古川 知代さん・小口 舞さん・木下 理子さん・河井 勇高さん・大崎 双葉さん・青柳 稜さん・浅井 和成さん・稲葉 勇貴さん・遠藤 鴻明さん・大友 優里さん・河井 陽一さん・小杉 奏太さん・小林 尚仁さん・齋藤 和哉さん・佐藤 史哉さん・佐貫 有彩さん・福島 和紀さん・三木 快修さん・道本 佳苗さん・宮森 日緒菜さん・村上 将希さん・山川 真広さん・平城 柊さん・堀井 雅信さんには，表紙図案に関して意見をいただいた。
- 大塚 克さんは表紙を描いて下さった。

目　　次

第1部　学会発表の前に知っておきたいこと　　1

第1章　学会とは何か　　3
1.1　組織としての学会　　3
1.2　大会としての学会　　4

第2章　学会に行く目的　　6
2.1　自分の研究成果を聴いてもらう　　6
2.2　最新の研究成果を知る　　7
2.3　自分を売り込む　　7
2.4　知人を作る　　7
2.5　その分野に慣れる　　8

第3章　学会発表とは何か　　9
3.1　学会発表と論文発表の違い　　9
3.2　ポスター発表と口頭発表の違い　　10
　3.2.1　ポスター発表　　10
　3.2.2　口頭発表　　11
　3.2.3　どちらを選ぶべきか　　12

第4章　学会発表するかどうかの判断　　14
4.1　学会発表するかどうかの判断　　14
　4.1.1　学会参加経験がある程度はある場合　　14
　4.1.2　学会参加経験がほとんどない場合　　14
4.2　同じ内容の発表　　15

第5章　聴衆としての心がまえ　　16
5.1　発表会場でのエチケット　　16
5.2　質問をしよう　　17
5.3　質疑応答の時間における質問の仕方　　17
　5.3.1　質疑応答の時間は皆のもの　　17
　5.3.2　全員に向けて言葉を発する　　18
　5.3.3　時間を守る　　18

第6章 学会が終わった後にすべきこと … 19
- 6.1 自分の発表へのコメントをまとめる … 19
- 6.2 プレゼンの反省点をまとめる … 19
- 6.3 新しい着想を整理する … 20
- 6.4 メールのやりとりをする … 20
- 6.5 新しくできた知人をリストにまとめる … 20

第2部 発表内容の練り方 21

第1章 ポスター・スライドの構成要素 … 23

第2章 取り組む問題と結論を決める … 24
- 2.1 どうして,取り組む問題を決め直す必要があるのか? … 24
- 2.2 得られた結果から結論を導き出す … 25
- 2.3 結論に対応する問題を決める … 27

第3章 序論で説明すべきこと … 29
- 3.1 どうしてやるのかの説得が鍵 … 30
- 3.2 序論で書くべき5つの骨子 … 31
- 3.3 説得力に欠ける序論 … 35
  - 3.3.1 「何を前にして」がない … 35
  - 3.3.2 取り組む問題を述べていない … 36
  - 3.3.3 取り組む問題が飛躍している … 36
  - 3.3.4 その問題に取り組む理由を述べていない … 37
  - 3.3.5 わかっていないからやるのか? … 37
  - 3.3.6 問題解決のための着眼を述べていない … 39
  - 3.3.7 問題解決のために何をやるのかを述べていない … 40
- 3.4 説得力のある序論にするコツ … 41
  - 3.4.1 骨子の練り方 … 41
  - 3.4.2 その問題に取り組む理由を説得するために … 43

第4章 演題の付け方 … 45
- 4.1 演題の役割 … 46
- 4.2 良い演題とは … 46
- 4.3 演題に入れる情報 … 46
  - 4.3.1 取り組む問題 … 47
  - 4.3.2 問題解決のための着眼点 … 47
  - 4.3.3 研究対象 … 47
  - 4.3.4 結論は入れるべきではない … 47

4.4	良い演題の例	49
4.5	悪い演題の例	50
	4.5.1 調べた対象を演題にしただけ	50
	4.5.2 取り組む問題ではなく，問題解決のためにやったことを書いている	52
	4.5.3 問題解決のための着眼点がない	53
	4.5.4 情報の並列	54
	4.5.5 情報を詰め込みすぎ	55
4.6	わかりやすくする工夫	56

第5章 研究方法の説明 … 57
- 5.1 研究方法を説明する目的 … 57
- 5.2 説明すべきこと … 58

第6章 研究結果・考察・結論の示し方 … 61
- 6.1 得られた結果の提示 … 61
- 6.2 考察：得られた結果の統合的解釈 … 65
- 6.3 考察：先行研究の検討 … 65
- 6.4 結論：取り組んだ問題への答え … 66
    - 6.4.1 問題への答えになっている結論を示す … 66
    - 6.4.2 できるだけ簡潔に … 66
    - 6.4.3 結論とまとめは違う … 67
- 6.5 結論を受けて：その問題に取り組んだ理由への応え … 68

第7章 講演要旨の書き方 … 70
- 7.1 講演要旨に書くべきこと … 70
- 7.2 論文の要旨との違い … 73

第3部 学会発表のプレゼン技術　75

第1章 何のために学会発表をするのか … 77
- 1.1 伝えたいと思っているのはあなた … 77
- 1.2 学会発表は，聴衆にわかってもらうために行う … 77

第2章 わかりやすい発表をするために心がけること … 79
- 2.1 わかりやすい発表とは … 79
    - 2.1.1 聴衆が，情報整理をしやすい … 79
    - 2.1.2 その主張を導く論理を理解できる … 80
- 2.2 わかりやすい発表をするために心がけること … 80
    - 2.2.1 わかりやすくしようという意識を持つ … 81

　　　　2.2.2　聴衆を想定する ……………………………………………………… 81
第3章　すっきりとしていてわかりやすい話にするコツ ………………………… 83
　3.1　必要かつ不可欠な情報だけを示す ……………………………………… 83
　　　3.1.1　主張することを絞る ……………………………………………… 83
　　　3.1.2　それらを主張するために必要な情報だけを示す ………………… 84
　　　3.1.3　聴衆の疑問に配慮する …………………………………………… 85
　　　3.1.4　同じ説明を繰り返さない ………………………………………… 85
　3.2　聴衆の理解の流れに沿った順番で情報を与える ……………………… 86
　　　3.2.1　研究方法の説明を終えてから，結果の説明をする …………… 86
　　　3.2.2　結果の説明を終えてから結論を述べる ………………………… 87
　　　3.2.3　論理的なつながりを意識する …………………………………… 88
　　　3.2.4　重要なことから示す ……………………………………………… 89
　3.3　直感的な説明を心がける ………………………………………………… 89

第4章　ポスター・スライドに共通するプレゼン技術 ………………………… 91
　4.1　何についての情報なのかを明示する …………………………………… 92
　4.2　全体像を示してから細部を説明する …………………………………… 94
　4.3　文章での説明を避け，絵的な説明にする ……………………………… 95
　　　4.3.1　絵的な説明にするためのコツ …………………………………… 96
　4.4　情報保持の負担を減らす ………………………………………………… 98
　　　4.4.1　言葉を覚えさせない ……………………………………………… 98
　　　4.4.2　同じ言葉を使い続ける …………………………………………… 101
　4.5　情報を読み取りやすくする ……………………………………………… 101
　　　4.5.1　見出し・重要事項を強調文字にする …………………………… 102
　　　4.5.2　見て欲しい部分を示す …………………………………………… 108
　　　4.5.3　色を使って情報を対応づける …………………………………… 110
　4.6　見やすくする ……………………………………………………………… 112
　　　4.6.1　大きな文字で ……………………………………………………… 112
　　　4.6.2　ゴシック体で ……………………………………………………… 112
　　　4.6.3　背景とのコントラストを明確に ………………………………… 113
　4.7　色覚多様性に配慮する …………………………………………………… 115
　4.8　説明なしでわかるようにする …………………………………………… 117

第5章　図表の提示の仕方 ………………………………………………………… 119
　5.1　見える大きさの図表にする ……………………………………………… 119
　5.2　論文の図表をそのまま使わない ………………………………………… 121
　5.3　できるだけ，表ではなく図で示す ……………………………………… 123
　　　5.3.1　数値の比較が目的の場合は必ず図にする ……………………… 123

5.3.2　表で示してよい情報 ……………………………………………… *125*
5.4　図のタイトルと軸の説明を区別し，両方とも書く ……………………… *126*
5.5　その説明を読めばわかる軸にする ……………………………………… *128*
5.6　記号のすぐそばに，その説明を書く …………………………………… *130*
5.7　図表のすぐそばに，その解釈を書く …………………………………… *131*

第6章　ポスターの作り方 …………………………………………………… *135*
6.1　ポスターを作る前に ……………………………………………………… *135*
　　6.1.1　ポスターの大きさと視野の関係 …………………………………… *135*
　　6.1.2　聴衆の基本的な姿勢 ……………………………………………… *136*
　　6.1.3　わかりやすいポスターとは ………………………………………… *136*
6.2　すっきりとしていて，拾い読みをしやすいポスターにするコツ ………… *137*
　　6.2.1　5～10分で説明できる内容に絞る ………………………………… *137*
　　6.2.2　まとめ（結論を含め）を上部に書く ……………………………… *137*
　　6.2.3　主張を先に示し，それに続けてその根拠・理由を示す ………… *138*
　　6.2.4　2段組みを基本にする …………………………………………… *141*
　　6.2.5　情報の領域を明確にする ………………………………………… *141*
　　6.2.6　読む順番がわかるようにする ……………………………………… *145*
　　6.2.7　番号等を使って情報間の対応をつける …………………………… *145*
　　6.2.8　情報を省略しない ………………………………………………… *145*
6.3　ポスターの各項目で書くべきこと ………………………………………… *148*
　　6.3.1　演題 ………………………………………………………………… *148*
　　6.3.2　発表者名等 ………………………………………………………… *150*
　　6.3.3　序論 ………………………………………………………………… *150*
　　6.3.4　研究対象と方法 …………………………………………………… *150*
　　6.3.5　結果 ………………………………………………………………… *150*
　　6.3.6　考察 ………………………………………………………………… *151*
　　6.3.7　まとめ ……………………………………………………………… *151*
　　6.3.8　付録 ………………………………………………………………… *151*
　　6.3.9　要旨は不要 ………………………………………………………… *151*

第7章　ポスター発表の仕方 ………………………………………………… *152*
7.1　説明練習をする …………………………………………………………… *152*
　　7.1.1　他者の意見を仰ぐため ……………………………………………… *153*
　　7.1.2　説明の仕方を工夫するため ………………………………………… *153*
　　7.1.3　ポスターの作り方の問題点を見つけるため ……………………… *153*
　　7.1.4　淀みなく説明できるようになるため ……………………………… *153*
　　7.1.5　説明時間を確認するため …………………………………………… *153*

目次

- 7.2　勝手に説明を始めない ········· *153*
- 7.3　10秒ほど見てくれたら声をかけてみる ········· *154*
- 7.4　全員に向かって言葉を発する ········· *154*
- 7.5　聴衆の反応を見ながら説明する ········· *155*
- 7.6　特定の聴衆と延々とやりとりをしない ········· *155*
- 7.7　指示棒を使って説明する ········· *155*
- 7.8　図表の読み取り方を説明してから，データの意味することを述べる ········· *156*
- 7.9　縮刷版を用意する ········· *156*

第8章　スライドの作り方 ········· *157*

- 8.1　スライドの適正な枚数 ········· *157*
- 8.2　わかりやすいスライドにするコツ ········· *158*
  - 8.2.1　どういう情報を伝えるのかを前もって知らせる ········· *158*
  - 8.2.2　1枚のスライドで1つのことだけを言う ········· *160*
  - 8.2.3　各スライドに必ず見出しをつけ，必要に応じて言いたいことも明記する ········· *162*
  - 8.2.4　大切なことはスライドの上部に書く ········· *165*
  - 8.2.5　中央配置を基本とする ········· *165*
  - 8.2.6　スライドの作り方に一貫性を持たせる ········· *167*
- 8.3　各スライドで書くべきこと ········· *170*
  - 8.3.1　演題・発表者名・所属 ········· *170*
  - 8.3.2　序論 ········· *170*
  - 8.3.3　研究対象と方法 ········· *171*
  - 8.3.4　結果 ········· *171*
  - 8.3.5　考察 ········· *171*
  - 8.3.6　まとめ（結論・根拠） ········· *172*

第9章　口頭発表の仕方 ········· *173*

- 9.1　発表練習をする ········· *173*
- 9.2　発表時間を守る ········· *174*
- 9.3　聴衆を見て話す ········· *174*
- 9.4　ステージの中央寄り前部に立って話す ········· *174*
- 9.5　原稿を読み上げない ········· *175*
- 9.6　会場の一番後ろまで届く声で話す ········· *175*
- 9.7　適度に間を取りながら話す ········· *175*
- 9.8　過度に抑揚をつけた話し方をしない ········· *176*
- 9.9　スライドにないことを話さない ········· *176*
- 9.10　ポインタ・指示棒をぴたっと指す ········· *176*

	9.11	図表の読み取り方を説明してから，データの意味することを述べる …… *177*
	9.12	スライドの印刷資料を用意する …………………………………………… *177*
	9.13	発表用の原稿について …………………………………………………… *177*

第 10 章　質疑応答の仕方 ……………………………………………………… *179*

- 10.1 質問を歓迎しよう ………………………………………………………… *179*
  - 10.1.1 興味を抱いてくれたということである ……………………………… *180*
  - 10.1.2 今後の研究に活かすことができる …………………………………… *180*
- 10.2 質問への対応の仕方 ……………………………………………………… *180*
  - 10.2.1 あらかじめ，出そうな質問に対する答えを考えておく ………… *180*
  - 10.2.2 質問の意図を捉える …………………………………………………… *180*
  - 10.2.3 自分を落ち着かせる …………………………………………………… *181*
  - 10.2.4 まず的確に答え，次に，必要に応じて補足説明をする ………… *181*
  - 10.2.5 質問者を見ながら答える ……………………………………………… *183*
  - 10.2.6 他の聴衆にも届く声で答える ………………………………………… *183*
  - 10.2.7 質問者の声が小さいときは，他の聴衆のために質問を復唱する … *183*
  - 10.2.8 聴衆の知識に配慮する ………………………………………………… *183*
  - 10.2.9 沈黙しない ……………………………………………………………… *183*

参考資料 ………………………………………………………………………… *185*

索引 ……………………………………………………………………………… *187*

要点目次

要点 1	学会に行く目的	6
要点 2	ポスター発表と口頭発表の違い	9
要点 3	質疑応答の時間における質問の仕方	16
要点 4	学会が終わったあとにすべきこと	19
要点 5	結論と取り組む問題の決め方	24
要点 6	序論で示すこと	29
要点 7	良い演題の付け方	45
要点 8	研究方法の説明	57
要点 9	研究結果・考察・結論として示すこと	61
要点 10	講演要旨に書くこと	70
要点 11	わかりやすい発表とは	79
要点 12	すっきりとしていてわかりやすい話にするコツ	83
要点 13	ポスター・スライドに共通するプレゼン技術	91
要点 14	図表の提示の仕方	119
要点 15	わかりやすいポスターの作り方	135
要点 16	ポスター発表において心がけるべきこと	152
要点 17	わかりやすいスライドにするコツ	157
要点 18	口頭発表において心がけるべきこと	173
要点 19	質問への対応の仕方	179

第1部

学会発表の前に知っておきたいこと

第1部では，学会発表をする前に知っておきたいことを説明する。学会とは何か，学会に行く目的，学会発表とは何か，聴衆としての心がまえ，学会が終わってからすべきこと。これらのことを知っておけば，学会での充実度がぐんと上がる。まずは，学会デビューに向けての心の準備をしよう。

第 1 章
学会とは何か

> 本章では，学会とは何かを説明する。「学会」という言葉は，「組織としての学会」と「大会としての学会」の両方に用いられる。「○○学会」という組織があり，その組織が，「○○学会大会」（通称「○○学会」）といったものを開催するのだ。以下で，2つの「学会」について説明しよう。

1.1 組織としての学会

組織としての学会（以下，「学会」と呼ぶ）とは，ある研究分野に興味関心を抱いている人々が集う会員組織のことである。その分野の第一線の研究者から駆け出しの学生まで，さまざまな人が会員となっている。

学会の活動目的は，その研究分野の発展を図ることである。そのために，学術雑誌の発行や大会の開催などを行う。学術雑誌は，その分野の研究成果を論文として掲載するためのものだ。これ以外に，関連する社会問題に関して情報発信をしたり，科学技術行政に対して意見を述べたりもする。会員は，学会が発行する学術雑誌をインターネットで閲覧する権利を得たり（あるいは，印刷体の学術雑誌を受け取ったり），大会に参加する権利を得たりする。

おそらく，ありとあらゆる研究分野に学会が存在するはずである。研究分野を学会間で棲み分けているわけでもなく，分野が部分的に重なった学会も多い。そのため，複数の学会に入っている人も多い。もちろん，国内のみならず海外にも学会がある。同じ研究分野の学会が，その国ごとに組織されているということだ。日本人が，海外の学会に入ることも可能である。

たいていの人は，自分が主として活動する学会を持っている。ある1つ（または少数）の学会で，大会に毎年参加したり，組織の運営に関わったりしているのだ。主学会があることは研究室としてもしかりである。研究室のほとんどの人が加入している学会があるはずだ。

修士課程新入生・卒業研究生など，研究の世界に入った新人は，自分の研究室が主に活動している学会にまずは入会することになる。そして，大会に参加して見聞したり，やがては自分で研究発表をしたりする。学会への入会の仕方は，その学会のウェブペー

ジに書いてある。会費を払うことにはなるけれど，学生会費は優遇されているはずだ。希望者は自由に入会できる学会がほとんどである。しかし中には，会員の推薦が必要な学会もある。

1.2 大会としての学会

たいていの学会は，年に1回程度の頻度で大会を開催する。会員が一同に集って，最新の研究成果を発表し合うのだ。その規模は，100人程度から数千人のものまである。ここが，これからあなたが学会発表をしようとしている場である。

大会には，誰でも自由に発表できる場と，あらかじめ選定された演者が発表する場の2つがある。自由発表の場は文字通り，発表申し込みさえすれば自由に発表できる場である。通常，ポスター発表と口頭発表の両方が用意されている。若者はまず，この場で発表することになる。演者があらかじめ決まっている場は，シンポジウム・フォーラム・自由集会などと呼ばれるものである。企画者がある研究テーマを立てて，それに関する研究をしている人を演者として呼ぶ。そして，そのテーマを掘り下げていく。発表形式は口頭発表である。

なお本書では，自由発表の場での発表を念頭において説明していく。若者がまずは挑む場だからである。

発表はせずに大会に参加することもできる。研究の世界に入ったばかりで発表する成果がない若者も，大会に参加して見聞を広めよう。

大会への参加の仕方は以下のとおりである。

参加資格

その学会の会員であることが通例である。招待講演をするなど，招かれた人はこの限りではない。

参加申し込み

学会のウェブページやニュースレターなどで，申し込み方法が告知される。通常は，以下の順番で手続きをしていく。

> 1　i　参加申し込み
> 　　ii　発表申し込み
> 　　iii　懇親会参加申し込み
> 　　iv　参加費等の送金
> 2　講演要旨の提出（発表する場合のみ）

> 3 口頭発表用のスライドファイルの提出（口頭発表をする場合，これを求める学会がある）
> 4 大会本番
> （1〜3が，大会本番のどれくらい前に設定されているのかは，ウェブページ等で確認のこと）

1 i 参加申し込みは，大会に参加する（発表するしないに関わらず）ために必要である。事前申し込みをせずに，当日参加することもできなくはない。しかしその場合は，参加費が高くなる可能性がある。また，大会への参加人数を事前に把握できないと，大会運営に支障をきたしかねない。できるだけ事前申し込みをするようにしよう。

1 ii 発表申し込みは，大会で発表するために必要である。演題と，発表者全員（演者として実際に発表する人だけでなく，共同研究者全員）の氏名・所属を登録する。当たり前であるが，これを忘れると発表できない。ポスター発表と口頭発表のどちらを行うのかを選択できる場合は，この申込時に選択することになる。

1 iii 懇親会参加申し込みは，大会の懇親会に参加するためのものである。積極的に参加して知人を作ろう（2.4 節参照；p.7）。

1 iv 参加費等の送金とは，大会・懇親会への参加費用の送金のことである。学生の参加費は優遇されているはずなので，きちっと払うように。

2 発表者は講演要旨を提出する。制限字数内で（通常は数百字程度；何字以内なのかは大会による）発表内容を要約した文書を作るのだ。これを集めた要旨集が，大会のウェブページに掲載されたり，大会参加者に配られたりする。参加者は，要旨集を読んで興味がある講演を探す。講演要旨の提出期限は，大会本番の1〜3ヶ月前に設定されているはずである。このときまでに余裕を持って発表内容を練り上げておくように。そうでないと，講演要旨に途中経過しか書けないという悲惨なことになる（第2部7.1節参照；p.70）。

3 口頭発表をする場合は，スライドのファイルを事前に提出する必要があるかもしれない。スライドのファイルを映写して発表する場合は，パソコンに事前にファイルを入れておく方が安心だからである。これはつまり，大会本番よりも早めにファイルを完成させる必要があるということである。

第2章 学会に行く目的

本章では，大会（学会）に行く目的を整理しておく。目的は，大きく分けて5つある（要点1）。それぞれについて説明していく。なお本書ではこれ以降，「大会」のことを「学会」と呼ぶことにする。「大会」を指して「学会」と通称することが多いからである。

要点1

学会に行く目的

1. 自分の研究成果を聴いてもらう
2. 最新の研究成果を知る
3. 自分を売り込む
4. 知人を作る
5. その分野に慣れる

2.1 自分の研究成果を聴いてもらう

あなたは，何らかの研究成果をあげたはずである。それを学会で発表して，同じ分野の研究者に聴いてもらう。そして，成果の価値を認めてもらう。これが，学会に行く一番の目的である。

非研究職として就職するなどして，研究から離れる修士生・卒研生も多いであろう。そうした方はぜひ，学生生活の集大成として発表して欲しい。これまで頑張ってきた成果を，学会参加者の記憶に焼きつけて修了・卒業しようではないか。

発表をして，自分の研究成果に対する意見をもらうことも大切な目的である。学会には，その分野の研究者がたくさん来る。普段接している人たち（同じ研究室の人々）とは違った視点から，いろいろな意見をもらえるはずだ。そこから新しい展開が開けるかもしれない。悩んでいた問題が解消するかもしれない。問題点を指摘され，研究方向の修正が必要になるかもしれない。いずれにせよ，研究を進める上で貴重な意見である。学会は，新たな意見や違った視点からの意見を実に効率よく集められる場所なのだ。

個人的に話しかけて，自分の研究成果を聴いてもらうこともしよう。そのため学会に

は必ず，自分の研究成果を個人的に説明するための資料を持って行こう。発表する場合には，発表資料を印刷したもの（ポスターの縮刷版（第3部7.9節参照；p.156）や，スライドの配布用資料（第3部9.12節参照；p.177））を持って行く。発表しない場合でも，それまでの研究状況をまとめた資料（データ等を載せた資料）を持って行く。資料には，あなたの氏名・連絡先（所属とメールアドレス）を忘れずに載せておくように。そして，いろいろな人に，資料を差し上げて説明をさせてもらう。たいていの人は，好意的に話を聴いてくれるはずである。もっとも，学会経験が浅いうちは，誰が誰だかわからず話しかけようがないかもしれない。その場合は，先生や先輩に紹介してもらうようにしよう。

2.2　最新の研究成果を知る

学会は，最新の研究成果を知る場でもある。発表される成果のほとんどが，論文としてまだ発表されていないものだからだ。最新の研究成果をまとめて聴くことができるとは，なんとも便利な場所である。

発表者と直接話をすることも可能だ。そうすれば，さらに詳しい情報を得ることができるであろう。

2.3　自分を売り込む

自分を売り込むことも忘れてはいけない。「こういう研究をしている若者がいる」と認知してもらうこと。「優秀そうだ」と認めてもらうこと。そうすれば，後日，何らかの研究情報をくれるかもしれない。研究会等の案内をくれるかもしれない。ときには，共同研究に誘ってくれるかもしれない。こうしたことが有益なことは言うまでもない。

売り込む方法は2つある。1つは，2.1節（p.6）で述べたように，自分の研究のことを聴いてもらうことである。もう1つは，相手に質問をすることだ。ポスター発表や口頭発表の場で積極的に質問をする。個人的に話しかけて質問をする。こうすることで，積極的な若者がいると認めてもらうようにしよう。

2.4　知人を作る

知人を作ることもまた大切である。これからの研究生活において，いろいろな人の協力が不可欠となるからだ。議論の相手になってもらうことはもちろんである。新しい実

験を始めるときは，その実験に詳しい人に相談する必要も出てくるであろう。論文を書いたら，コメントをもらえる人も欲しい。知人の輪を広げておけば，いざというときに助かるのだ。

　同世代の知人を作ることも勧める。同世代の若者とは，これからの研究生活において切磋琢磨し合っていくことになるからだ。情報交換をしあったり，共同研究をして古い知見を壊したり。分野の将来を担うのは若者たちである。

　学会では，懇親会というものが行われる。文字どおり，学会参加者が懇親するための会だ。これ以外にも，研究仲間が集まって飲みに行ったりする。懇親会や飲み会に積極的に参加しよう。知人を作る良い機会だからである。ただし，懇親会に参加するためには申し込み手続きが必要だ（1.2節参照；**p.4**）。飲み会への参加はもっと気楽である。研究集会（シンポジウム・フォーラム・自由集会など）が終わった後，そのまま飲み会に流れるといった形や，知人が誘い合って飲み会をするといった形になる。

　名刺等を持って行くのもよい。積極的に配って，自分の名前を覚えてもらうのだ。

2.5 その分野に慣れる

　卒業研究を始めた等，その研究分野に新しく入った若者の場合，その分野に慣れることも目的となる。学会に行って発表を聴いてみよう。学会では，たくさんの研究成果をコンパクトに聴くことができるのだ。ちゃんとは理解できないことがあるにせよ，どんな研究が行われているのか雰囲気を感じ取ることはできるであろう。新人にとっては，論文をいきなり読むよりは敷居が低いはずだ。

第3章 学会発表とは何か

本章では，学会発表とは何なのかを説明する。学会発表と論文発表はどう違うのか。ポスター発表・口頭発表とはどういうものなのかを説明しよう。

要点2

ポスター発表と口頭発表の違い

ポスター発表
　研究成果をまとめたポスターを貼って説明
口頭発表
　スクリーンにスライドを映して説明

それぞれの発表の良い点。より良い方を◎○で示す。

	ポスター発表	口頭発表
議論のしやすさ	◎	
聴衆による理解のしやすさ	○	
知人の作りやすさ	○	
緊張のしにくさ	○	
他の発表の聴きやすさ		◎
聴衆による，説明開始の掴みやすさ		◎
発表に盛り込める情報量		○
体力的な楽さ		◎

3.1 学会発表と論文発表の違い

学会発表と論文発表はどう違うのか。その違いをひと言でいうなら，**学会発表は，研究成果発表の仮の場**であるということである（ただしそうではない学会もある；本節の最後の段落を参照）。成果発表の正式な場は論文である。学会で発表しただけでは，正式な研究成果としては認知されないのだ。その理由は2つある。第1に，ほとんどの学会は，発表内容を審査して価値のない「研究成果」をふるい落としたりはしないからだ。つまり，発表しようと思えばどんな「研究成果」だって発表することができる。学会発

表を正式な成果として認めてしまうと，無価値成果の氾濫を招くことになる。第2に，記録として残る情報量が少ないということがある。話した内容はその場で消える。講演要旨として残る情報量は論文に比べたらはるかに少ない。これでは，他者が研究成果を参照するのに困ってしまう。

　だから，あなたの研究成果を正式に発表するためには，学会発表した内容を論文にする必要がある。学会発表しただけで満足してはいけない。研究は，論文を発表してようやく完成なのだ。

　しかしもちろん，学会発表を行うことはとても大切である。成果発表の正式の場ではなくとも，記録としての価値もほとんどなくともよい。**学会発表は，記憶に残すために行う**のだ。その上で，さまざまな意見をもらうことができる。論文を書くよりもはるかに敷居が低いことも利点である。だからぜひ，積極的に発表して欲しい。

　ただし，上述したこととはまったく異なり，学会発表も厳しく審査し，それを通ったものだけを発表させる学会もある。そして，論文並みの発表原稿を論文集等に掲載する。それらは研究業績として認められる。あなたの分野の学会がどうなのか，先生や先輩に訊いてみるとよい。

3.2　ポスター発表と口頭発表の違い

　学会発表には，ポスター発表と口頭発表の2種類がある（**図1**）。それぞれの特徴をまとめておこう（**要点2**；p.9）。

3.2.1　ポスター発表

　自分の研究成果をまとめたポスターを貼って，それを聴衆に説明する形式の発表である。会場内に，たくさんのポスターが貼り出される。一般には，説明時間帯が設定されていて（2時間とか），その時間帯には発表者がポスターの所に立っている。聴衆がやって来たら発表者は説明を始める。その後，質疑応答をする。一群の聴衆への説明と質疑応答を終えると，また次の一群への説明を始めるということを繰り返す。説明時間帯以外でもポスターは貼り出されており，聴衆は自由に見ることができる。長所と短所は以下のとおりである。

長所
1) 聴衆と深く議論できる。少数の聴衆との対話形式なので，議論がしやすい。いろいろな人と議論ができるので，いろいろに異なる視点から意見をもらうことができる。
2) 聴衆が説明についていきやすい。わからない点があったら，説明の途中でも質問できるからである。言い方を変えるならば，聴衆の理解のペースに合わせて説明でき

ポスター発表 　　　　　　　　　口頭発表

図1　ポスター発表と口頭発表。ポスター発表では，自分の研究成果をまとめたポスターを貼って，集まってきた聴衆に説明する。口頭発表では，会場内に設置されたスクリーンにプロジェクタでスライドを映し，それを聴衆に説明する。

るということだ。
3) 知人を作りやすい。聴衆と面と向かって話すのだから，当然のことである。
4) さほど緊張しない。それでも緊張する人はするだろうけれど，口頭発表よりは気楽なはずである。

短所

1) 他のポスターを見に行きにくい。説明時間帯には自分のポスターの所にいなくてはいけないので，他のポスターの説明を聴きに行くことができない。
2) 聴衆からすると，説明の始まりを掴むのが難しい。できれば，途中からではなく，冒頭から説明の輪に加わりたい。しかし，ひとたび説明が始まると，次回の説明が始まるのは10分とか20分とか後である。いったいいつ行けば冒頭から説明が聴けるのかと困ることになる。
3) 発表に盛り込める情報量が，口頭発表よりは少ない（第3部 6.2.1 項参照；p.137）。
4) 疲れる。異なる聴衆に何度も同じ説明を繰り返すことになる。2〜3時間も立ちっぱなしで話すとけっこう辛い。

3.2.2　口頭発表

　会場内に設置されたスクリーンにプロジェクタでスライドを映し，それを聴衆に説明する形式の発表である。スライドファイルを用意し，スライドを順に見せながら説明を

していく。その後，質疑応答をする。プログラムで，自分が発表する会場と時間帯が決められている。多数の発表者が順次発表していくので，発表時間・質疑応答の時間制限が厳しい。聴衆は，口頭発表の会場を自由に出入りできる。そして，自分が聴きたい発表を求めて移動する。長所と短所は以下のとおりである。

長所
1) 他の発表（ポスター発表も口頭発表も）を聴きに行きやすい。拘束されるのは自分の発表時間だけだからだ。
2) 開始時間が決まっているので，聴衆は，その時間に行けば冒頭から説明を聴くことができる。
3) 発表に盛り込める情報量が，ポスター発表よりは多い（第3部6.2.1項参照；p. 137）。
4) 一度話したら終わりなので，体力的に楽である。

短所
1) 聴衆と深く議論できない。質疑応答の時間は数分である。質問が数個出たら終わりになってしまう。
2) 聴衆が，説明についていけず取り残される可能性がある。発表中には質問ができないので，わからない点がそのままになってしまうからだ。説明がどうしても，発表者のペースに合わせたものになりやすいということである。
3) ポスター発表ほどには，知人を作りやすくはない。ただし，発表終了後に個人的に質問に来てくれて，それがきっかけで知人になることはある。
4) 緊張する。大勢の前に立って話すのだから，無理からぬところである。

3.2.3　どちらを選ぶべきか

では，ポスター発表と口頭発表のどちらを選ぶべきなのか。どちらかしか選択できない学会も多いけれど，発表者が形式を選べる学会もあるのだ。その場合は，それぞれの長所・短所をかんがみ，自分に合った方を選べばよいと思う。ただし一般には，ポスター発表の方が入門編と位置づけられている。そのため若者は，ポスター発表を選ぶことが多い。

上述した以外に，「総計何人の聴衆に聴かせることができるのか」という問題もある。しかしこれは難しく，ポスター発表と口頭発表のどちらの方が多いのか一概には言えない。学会ごとの事情もあるので，先生や先輩に，どちらの方が多そうかを聞いてみるとよい。

ポスター発表・口頭発表に対する賞を設けている学会も多い。発表を審査して，優秀なものに賞を贈るのだ。これらの受賞は経歴に書くことができる。ポスター・口頭のど

ちらかにしか賞を設けていないこともあるので，賞を設けている方に挑戦することも考えてほしい。

第 **4** 章

学会発表するかどうかの判断

> 本章では，どこまで研究が進んだら学会発表してよいのかの判断基準を述べる。関連する複数の学会で発表する場合や，同じ学会で同じテーマで発表する場合の心がけも説明する。

4.1 学会発表するかどうかの判断

まずは，どこまで研究が進んだら学会発表してよいのかについて説明する。

4.1.1 学会参加経験がある程度はある場合

学会に参加した経験がある程度はある若者には，迷うのなら発表しろと勧める。発表できる成果が出ていると思っているのなら何の問題もない。「これで発表できるのか」と悩んでいるのなら背中を押してあげたい。学会発表の目的の1つは，自分の研究の質を向上させること（2.1節参照；p.6）だからである。悩むということは，自分の成果のどこかに不安な点があるということであろう。ならば，意見をもらって改善すればよいではないか。学会発表は，色々な人の意見をもらえる好機なのである。ただし，いい加減な発表をしてよいという意味では断じてない。発表するからには，全精力を費やして，自分としては最高の発表をしなくてはいけない。発表の質を上げるほどに，熱のこもった意見が返ってくるものである。

つまらない発表をしたら，自分の評価を落とすのではないかと心配であろうか？　自分を売り込む（2.3節参照；p.7）どころか逆効果だと。たしかにその心配はある。しかしその一方で，若者が，発表もせずに学会でうろうろしている方がよほど評価を落とすと心得るべきである。だから全力で発表すべしだ。

あなたが毎年参加している学会では毎年発表する。それを原則にしよう。

4.1.2 学会参加経験がほとんどない場合

学会に参加したことがほとんどない場合（卒業研究生とか）は，迷う以前の状態と思う。そうした若者は，先生や先輩の指示に従うべしだ。あなたの卒業研究を「発表でき

る」と先生が言ってくれたら，喜んで発表すればよい。

4.2 同じ内容の発表

　同じ（似た）内容を，関連する複数の学会や同じ学会で発表したい場合はどうすべきか。

　異なる学会なら，ほとんど同じ内容を発表してもよい。むしろ，関連する複数の学会で積極的に発表することを勧める。聴衆の構成および興味関心が多少なりとも異なるので，違った視点からあなたの研究に興味を示してくれるはずだからだ。

　一方，同じ学会で同じ内容を発表するのは避けるべきである。聴衆は基本的に同じなので，同じ内容の繰り返しになってしまうからだ。同じテーマで発表するのなら，何らかの進歩があって新しい内容が加わっている必要がある。

第5章
聴衆としての心がまえ

本章では，聴衆としての心がまえを述べる。あなたは，発表者であると同時に聴衆でもある。聴衆として行うべきこと，守るべきことを説明する。

要点3

質疑応答の時間における質問の仕方

1. 質疑応答時間は皆のもの
   ◇ 一人で独占しない
   ◇ あなたも質問してよいということ
2. 全員に向けて言葉を発する
3. 時間を守る
   ◇ 聞けなかったことは，個人的に質問に行く

5.1 発表会場でのエチケット

公共の場なのだから，発表会場内で守るべきことがある。「私語をしない」といった当たり前のこと以外に3つ注意しておく。

ポスター発表の説明を複数の人が聴いているときは，立ち位置や姿勢をお互いに配慮して，皆がポスターを見られるようにしよう。新しい聴衆が加わったら，その人にも見やすいよう立ち位置をずらす。後ろの聴衆のことを気遣うことが，ポスター発表を聴くエチケットである。

口頭発表の会場を出るのは，質疑応答が終わってからにする。発表中や質疑応答中に出て行くことは，発表者に対して失礼である。あなたの発表中に出て行かれたら，傷ついたりむっとしたりするであろう。だから他の発表者にもしてはいけない。ただし，他の会場で行われる発表を聴きたいのだけれど，移動が間に合いそうにない場合は，質疑応答の最中に席を立つこともやむを得ない（発表中に出るのは駄目）。その場合はそうっと出て行くようにしよう。

ポスターや，口頭発表のスライドを写真に撮っておけば，後で読み返せて便利と思うかもしれない。しかし，無断で写真撮影をしてはいけない。発表者の許可を得てから撮

影するようにしよう。もっとも，ポスターの縮刷版（第3部7.9節参照；p.156）やスライドの配布資料（第3部9.12節参照；p.177）をもらう方が綺麗で確実である。

5.2 質問をしよう

せっかく学会発表を聴くのだから，恥ずかしがらずに質問をしよう。

質問をするのはもちろん，わからないことを聞くためである。理解できないままでは，せっかくの発表も身につかない。だから不明な点は聞けばよいのだ。質疑応答の時間中に聞くことができなかった場合は，個人的に質問に行けばよい。発表者も，わざわざ質問しに来てくれると嬉しいものである。学会中に掴まえられなかったら，後日にメールで質問するようにしよう。

質問をすることは，自分を売り込むことにもつながる（2.3節参照；p.7）。積極的に質問をすれば，質問を受けた発表者も他の聴衆も，やる気のある若者だと思ってくれるであろう。個人的に質問に行く場合は，質問をきっかけに，あなたの研究についても話をさせてもらう。そして知人となってしまおう。

5.3 質疑応答の時間における質問の仕方

質疑応答の時間における質問の仕方（要点3；p.16）を説明する。ポスター発表の場合，発表者が一通り説明を終えたら，聴衆がいろいろと質問を始める。説明の途中で質問をすることも可能だが，そうした質問は，引っかかりをなくすため限定である。本格的な質疑は説明終了後に行う。口頭発表の場合は，質疑応答の時間があらかじめ設定されている。これら質疑応答の時間における質問の仕方には，皆が守るべきルールというものがある。

5.3.1 質疑応答の時間は皆のもの

質疑応答の時間は皆のものである。これには2つの意味がある。1つは，あなただけのものではないということだ。もう1つは，あなたのものでもあるということだ。

1つ目の点について説明する。質疑応答の時間を一人で独占してはいけない。やたらと長い質問をしたり，一人で次々と質問をしたりして，質疑応答の時間を潰してしまう人をたまに見かける。しかしこれはルール違反だ。手短にまとめて，時間を無駄に使わないようにしよう。1つ質問をしたら，次は他の人に譲るという気持ちを持って欲しい。他の人も，質問をしたくて機会を待っているのだ。

2つ目の点（あなたのものでもある）は，「だから積極的に質問して」ということで

ある。質疑応答は，「偉い先生」「鋭い質問ができる人」「知識のある人」だけのものではない。質問したいことがあれば，聴衆の権利として堂々と質問すればよいのだ。「質疑応答の時間を自分が潰すのは悪い」「変な質問をしたら格好悪い」などと思う必要はない。

5.3.2　全員に向けて言葉を発する

　質問は，その場にいる全員に共有してもらうようにする。「全員」とは，ポスター発表ならば，説明の輪に加わっている全員，口頭発表ならば会場にいる全員である。全員が質問内容を理解できるよう，全員に届く声で質問しよう。そうでないと，他の聴衆は無駄な時間を過ごすことになってしまう。

5.3.3　時間を守る

　口頭発表の場合，質疑応答の時間がきっちり決められている。だから，時間にかまわずに質問をしてはいけない。時間超過すると，プログラムの進行に迷惑をかけることになってしまう。

　ポスター発表の場合，質疑応答の時間が決められているわけではない。だからといって，延々と質問を続けてはいけない。他の聴衆が，次回の説明が始まるのを待っているのだ。空気を感じて，適当なところで質問を終えるようにしよう。

　いずれの場合も，聞き足りなかった質問は，発表者に個人的に聞きにいくようにする。

第6章
学会が終わった後にすべきこと

本章では，学会が終わった後にすべきこと（**要点4**）を説明する。行きっぱなしにしてはいけない。すべきことをして，学会での体験を自分の実にするのだ。

要点4

学会が終わったあとにすべきこと

1. 自分の発表へのコメントをまとめる
2. プレゼンの反省点をまとめる
3. 新しい着想を整理する
4. メールのやりとりをする

6.1 自分の発表へのコメントをまとめる

自分の発表に対してもらったコメントを1つ残らずまとめあげよう。コメントをもらうために発表したのだから，もらいっぱなしでは意味なしである。

まとめたら，先生や先輩に見せて，今後の研究にどう取り入れるかを話し合おう。あなた一人では判断がつきかねる場合もあるので，相談することを勧める。さっそく受け入れるべきコメントはどれか。その場合，具体的にどのように取り込んでいけばよいのか。さしあたっては受け入れる必要がないものもあるであろう。こうやって，1つ1つのコメントを消化していく。

6.2 プレゼンの反省点をまとめる

発表のプレゼンに対する反省点もあるはずである。次回の発表に活かすために，それらもまとめておこう。

他の人の発表を聴いて，そのプレゼン技術について気づいた点もあるであろう。良いと思った点は，自分の今後の発表にしっかりと取り入れる。逆に，悪いと思った点もあるのではないか。似たことを自分がやっていないか自省してみよう。人の振りを見るこ

とで，自分では気づいていないことに気づくものである。

6.3 新しい着想を整理する

　人の発表は刺激となる。そこから新しい研究が生まれるかもしれない。発表を聴いて着想を得たことがあったら，忘れないようにまとめておこう。すぐにも新しい研究につながる着想を得たとしたら，それはもう言うことがない。そうでない場合も，ヒントとして書き溜めておく。いつの日か，そこから新たな研究が生まれるかもしれないのだ。

6.4 メールのやりとりをする

　学会では，いろいろな人と話をする。そこでの宿題があったら，全部片づけないといけない。たとえば，

> ☐ あなたの発表への質問で，答えられなかったものがあった。
> ☐ 他の人の発表に関して聞きたいことがあったのに，質問しそびれた。
> ☐ セミナーをしようと約束した。
> ☐ 共同研究の約束をした。

こうしたことを1つ1つこなそう。どれをとっても，あなたにとって有益なことのはずである。
　約束を果たすことは，知人を作るためにも大切なことである。そうすることであなたへの信用が高まり，知人の輪に加えてもらえるようになるのだ。

6.5 新しくできた知人をリストにまとめる

　学会は知人作りの場でもある（2.4節参照；p.7）。知り合った人のことをしっかりと覚えておくために，名前・所属・研究内容等を記録しておこう。アドレスを交換したり，名刺やポスターの縮刷版を頂戴したりしたのなら，それらも整理しておく。しばし後に名刺を発見し，「この人誰だっけ？」と思うようでは意味なしである。

第2部 発表内容の練り方

第2部では，発表内容の練り方を説明する。どういう研究成果を発表するのか，その成果を聴衆に受け入れてもらうために何を伝えるのか。発表内容の構想を練ることは，良い発表をするために絶対に必要なことである。ここでの説明を，ポスターやスライドを作り始める前に理解しておいて欲しい。

説明内容は以下のとおりである。第1章では，ポスター・スライドの基本的な構成要素を説明する。ついで第2章で，発表で主張したいこと——どういう問題に取り組み，それに対して何を結論するのか——の決め方を説明する。第3章以降で，序論・演題・研究方法の説明・研究結果の説明といった各部分で，どういう情報を示すべきなのかを説明する。各部分の説明では，序論で説明すべきことを最初に取り上げる。序論を作り上げることが，研究の意義を明確にすることにつながるからだ。意義が明確になったら，他の部分で示すべき情報は自ずと決まる。

ここでの説明は「中身」に関するものなので，ポスター発表にも口頭発表にも共通することである。ポスターやスライドの例はほとんど出てこない。ここで説明した内容をどうやってポスター化・スライド化するのかの説明は第3部（p.75）で行う。

本第2部以降の説明は，例を用いてできるだけ具体的に行う。取り上げる例は，ベガルタ仙台（仙台市に所在し，宮城県民の夢を乗せて戦うJリーグクラブ）を題材とした架空の研究と，実際の研究である。ベガルタ仙台の研究は，「なぜ，ベガルタ仙台は強いのか」と問題提起し，「牛タン定食を食べているからである」と解答するものである（注：牛タン定食は仙台が発祥の地）。「本当か？」などと突っ込まず，素直に信じていただきたい。

第1章
ポスター・スライドの構成要素

> 本章では，ポスター・スライドの構成要素を説明する。

基本的な構成要素は以下である。

構成要素

> **ポスター・スライド共通**
> 演題
> 著者名
> 序論
> 研究方法
> 研究結果
> 考察：研究結果と一緒にする場合もある。
> 結論：まとめとともに示す。
> 講演要旨：講演要旨集等に掲載する。ポスター・スライド本体には載せない。
>
> **ポスターのみ**
> 付録：必要に応じて，通常は説明しないことを載せる。

　学術分野によって多少の違いはあるかもしれない。あなたの分野の実例を参照して欲しい。

　ポスター・スライドとも，研究結果と考察を別々に示す場合と，一緒にしてしまう場合とがある。別々の場合は，全結果を示してからそれらの考察を行う。一緒の場合は，ある結果を示したらその考察も行ってしまうということを繰り返していく。

　ポスターに付録を載せることがある。通常は説明しないことを，必要に応じて説明するためである。スライドには付録は不要である。

　引用文献のリストを載せる必要はない。しかし，先行研究を引用した場合は，引用した部分においてその文献を示す必要がある。たとえば，「○○○○である（メッシ2023）」というように引用文献「メッシ2023」を示す。

　では第2章以降で，発表内容の構想の練り方と，各部分で示すべきことを説明していこう。

第 2 章
取り組む問題と結論を決める

学会発表をするためには，発表内容の構想を練らなくてはならない。どういうデータ等を用いて，どういうことを主張するのかを決めるのである。

構想を練る上で重要なのは，手持ちの結果（データ等）をまとめて結論を出したら，その発表で取り組む問題を決め直すことである。結論に対応した，取り組む問題を設定するのである。こう書くと違和感を感じるかもしれない。問題は，研究を始めたときに決めていたはずだと。本章ではまず，取り組む問題を決め直すことがどうして必要なのかを説明する。ついで，結論と取り組む問題の決め方（**要点5**）を説明する。

なお，本章での説明は，論文を書く場合にもそのまま当てはまることである。

要点 5

結論と取り組む問題の決め方

1. あなたの研究においてやったことをまとめる
2. そこから得られた結果をまとめる
3. それらの結果から導き出される結論を考える
4. 結論に対応するよう，取り組む問題を決める

2.1 どうして，取り組む問題を決め直す必要があるのか？

学会発表では，何らかの問題を提起し，それに対して答える。つまり，問題に対する結論を出す。これが出来ていないと，何を言いたいのかわからない発表になってしまう。ここで大切なのは，取り組む問題と結論（答え）とが対応していることである。たとえば，「なぜ，ベガルタ仙台は強いのか」という問題を提起したとする。これに対して，「牛タン定食（**図2**）を食べているから」と結論することである。問題に答えるために研究するのだから，対応した結論でないと意味がないのだ。

図2　**牛タン定食**。仙台は牛タン定食発祥の地でもある。牛タンの塩焼き・牛のテールスープ・麦飯・漬けものが定番である。写真提供：牛タン炭焼き利久。

　しかし，研究に紆余曲折はつきものである。何らかの問題を思い描いて始めたとしても，どんどんと話がずれていってしまったりする。たとえば，ベガルタ仙台が強い理由の解明に取り組んでいろいろと調べているうちに，「牛タン定食のおかげでお肌つるつるである」という結論が出てしまうこともありうる（身体能力の一環として皮膚の新陳代謝を調べているうちに，美肌効果を検出してしまったとか）。ここまで極端ではなくても，微妙なずれはよくあることである。

　こうした場合，取り組む問題と結論とを対応させないといけない。そのためには，<u>取り組む問題を結論に合わせること</u>である。「牛タン定食のおかげでお肌つるつる」という結論が出たのなら，「なぜ，ベガルタ仙台の選手のお肌はつるつるなのか？」という問題設定にしてしまう。あたかも始めから，その問題に取り組んでいたことにしてよいのだ。なぜならば学会発表は，あなたの発見を聴衆に簡潔に伝えるためにあるものだからである。その発見に至るまでの紆余曲折を伝えるためにあるのではない。結論を簡潔に伝えるためには，問題提起から結論まで，無駄のない流れにすることだ。ならば当然，結論に合わせた問題にした方がよい。

2.2　得られた結果から結論を導き出す

　ではまず始めに，手持ちの結果をまとめ，そこから何らかの結論を導き出す方法を説明する。たとえば，ベガルタ仙台の研究において，以下の調査・実験を行い以下の結果を得たとする。

> **やったこと**
> 1. ベガルタ仙台の選手が1年間に牛タン定食を食べた回数と，選手の走力および試合成績との関係を調べた。
> 2. ベガルタ仙台の選手が牛タン定食を絶ったら，その後の試合の成績が落ちるのかどうかを調べた。
> 3. 他チームの選手に牛タン定食を食べさせたら，その後の試合の成績が上がるのかどうかを調べた。
>
> **得られた結果**
> 1. 牛タン定食を食べた年ほど，選手の走力および試合成績が良かった。
> 2. ベガルタ仙台の選手が牛タン定食を絶ったら，その後の試合の成績が落ちた。
> 3. 他チームの選手に牛タン定食を食べさせたら，その後の試合の成績が上がった。
>
> ※ サッカーは走るスポーツなので，走力が高いほど強い傾向にある。

得られた結果を元に結論を導く。この研究の場合，結論はこうなる。

> **結論**：ベガルタ仙台が強いのは牛タン定食を食べているから。

これを導く論理は図3のようにまとめることができる。

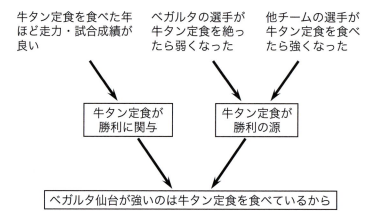

図3 個々のデータから結論に至るまでの論理の流れの例。

　実際には，結論を導く論理を整理しつつ，結論を考えていくことになる。あなたが得た結果を使って，個々の結果から結論に至るまでの論理の流れを整理してみよう。この作業は，論理の流れを紙に描いて行うべきである。頭の中だけで行うと，問題点を見落としてしまう可能性があるからだ。整理にあたっては，「結果 → 結論」という方向で考えるだけでなく，「結論 → それを支える結果」という逆向きの思考をすることも有効だ。

結論をまず定めてしまって，それを支えるのに必要な結果はどれなのかと考えていくわけだ。論理的欠陥が見つかったら，論理の流れや結論を考え直す必要がある。時間が許す範囲で，再解析を行うことになるかもしれない。こうして，**図3**のような論理図を完成させる。

　<u>結果から飛躍した結論にしない</u>ことも厳に心がけて欲しい。たとえば，「牛タン定食は，サッカー選手の理想的な食事である」は，上記の結果から言えることではない。こう結論するのなら，牛タン定食の成分効能を徹底的に調べあげたり，色々な食事間で効果を比較したりしないといけない。論理的に徹底的に検討して，確かに言えることを結論としよう。

　はっきりとした結論が出なかったり，期待に反する結論が出たりした場合もあるであろう。その場合もごまかさずに，結果から言えることを結論としよう。たとえば，以下だって立派な結論である。

> 結論：牛タン定食の効果は検出されなかった。
> 結論：牛タン定食の効果は否定された。

こうした否定的な結論だって発表する価値はありうる。発表するのならば，ごまかすことなくはっきりと書くべきである。ただし，発表を取り止めるべき場合もあるので，先生や先輩と十分に相談するように。

2.3　結論に対応する問題を決める

　結論を導いたら，それに対応する問題を決める。ベガルタ仙台の研究において「牛タン定食を食べているから強い」という結論が出たのなら，

> 取り組む問題：なぜ，ベガルタ仙台は強いのか？

となる。否定的な結論の場合は，「ベガルタ仙台が強いのは牛タン定食を食べているからか？」の方が問題としてふさわしいであろう。

　取り組む問題を，結論に直接対応したものにすることも重要である。研究を進めながら思い描いていた取り組む問題は，おうおうにして大きなものでありがちなのだ。たとえば，ベガルタ仙台の研究はこのような構造になっている。

> **より上位の問題**：ベガルタ仙台を強くする。
> **上位の問題**：継続的強化策を立案する（強さの秘密を解明し，継続的強化策に適用する）。
> **直結問題**：なぜ，ベガルタ仙台は強いのか？
> **結論**：牛タン定食のおかげ。

　研究過程では，より上位や上位の問題を思い描いているであろう。しかし，それらをそのままその発表で取り組む問題にしてしまうと，実際にやったこととは異なる問題を掲げた発表になってしまう。取り組む問題と結論とが直結していることを必ず確認するようにしよう。

　これで，取り組む問題と結論が決まった。さあいよいよ，これらを元に発表内容を練り上げていくのだ。

第3章
序論で説明すべきこと

> 序論は，研究の目的・意義を述べるためにあるものである。自分の研究の意義を説得し，聴衆に興味を抱いてもらう。それができるかどうかは序論の良し悪しにかかっているといってよい。逆にいうと，研究の意義は，序論を作り上げることで明確になっていくものである。どういう問題に取り組むのか，それに取り組む意義は何なのか。こうしたことを，序論の骨子を考えながら明確にしていく。本章では，序論の作り方を説明したい。
>
> 本章での説明は，論文の序論の骨子を練る場合にもそのまま当てはまることである。

要点 6

序論で示すこと

5つの骨子

◇ 何を前にして
　　研究の出発点。その研究が踏まえている事柄
◇ どういう問題に取り組むのか
　　その研究で取り組む問題
◇ 取り組む理由は
　　その問題に取り組む理由。以下のどちらかである
　　・その問題の解決が，上位の問題の解決に繋がる
　　・その問題の解決自体に意義がある
◇ どういう着眼で（着眼理由も）。以下のどちらかである
　　・取り組む問題に対する仮説
　　・取り組む問題の解決方法のアイディア
◇ 何をやるのか
　　取り組む問題を解決するために，その研究で行うこと

（「取り組む理由は」～「どういう着眼で」）：どうしてやるのかの説得に必要な情報

研究目的と背景とに分けた場合

研究目的
どういう問題に取り組むのか
何をやるのか

> **背景**
> 何を前にして
> 取り組む理由は
> どういう着眼で（着眼理由も）

3.1　どうしてやるのかの説得が鍵

　説得力のある序論とはどういうものなのか。まずもって，これを理解することが大切である。こんな序論の例から見てみよう。

> **例1**　説得力皆無の序論。
> なぜ，ベガルタ仙台は強いのか？
> 牛タン定食を食べているから強いという仮説を検証

　序論はこれだけである。これを読んで研究の意義をつかみ取ったであろうか。いや，ほとんどの方は，訳のわからない序論と思ったであろう。「牛タン定食を食べているから強いという仮説を検証」と唐突に書かれても，それを調べる意義がわからないからだ。ただしこの序論には，この発表で行うこと（牛タン定食仮説を検証）は明確に書いてある。だから，研究目的を伝えるという役割は果たしているともいえる。しかし，説得力皆無である。

　では，この序論に何が足りないのか。そのことを考えるために，人に頼んで何かをしてもらう場面を考えよう。このとき，どういう情報を相手に伝える必要があるのか。すぐに思い浮かぶのは，「何をやるのか」を伝えることである。やってもらいたいことの中身が伝わらないと話にならないから，この情報は不可欠である。では，たとえば，「ここに穴を掘って下さい」とあなたは頼む。そうすると相手は，「わかりました」と穴を掘り始めるであろうか。いやおそらく，穴を掘り始めようとはしないであろう。どうして穴を掘る必要があるのかわからないので，その気になれないのだ。そこへ，「徳川幕府の埋蔵金が埋まっています」と告げる（注：何兆円という財宝が埋まっているという伝説がある）。そうしたら人は，にわかに張り切って穴を掘り始めるであろう。どうして穴を掘るのか，その理由がわかったからだ。このように，人に何かをしてもらうためには，**「どうしてやるのか」を説得することが鍵**である。

　まったく同じことが学会発表にも当てはまる。発表するということは，自分の研究成果を聴いて下さいと聴衆に頼むことである。だから，聴衆に聴く気を起こさせることが重要だ。そのためには，その研究で何をやるのかを伝え，かつ，それを行うことの学術的意義を説得しなくていけない。つまり，

> □ 何をやるのか
> □ どうしてやるのか

の2つを明確にすることが序論の使命である。とくに，意義を認めてもらえるかどうかは，**「どうしてやるのか」の説得力にかかっている**といってよい。

3.2　序論で書くべき5つの骨子

　説得力のある序論にするためには，**要点6（p.29）の5つの骨子を書く**ことである。このうち，上の4つが，どうしてやるのかを説得するために必要な情報である。埋蔵金の例に当てはめるとこうなる。

> 何を前にして：ここに，徳川幕府の埋蔵金が埋まっている。
> どういう問題に取り組むのか：埋蔵金を取り出す。
> 取り組む理由は：大金持ちになれる。　　　　　　　　　　　　　どうしてやるのか
> どういう着眼で：穴を掘れば取り出せる。
> 何をやるのか：ここに穴を掘る。

「ここに穴を掘って下さい。徳川幕府の埋蔵金が埋まっています」と言われれば，どうしてやるのかの説得に必要な4骨子を瞬時に理解してしまう。だから人は，穴を掘ってくれるのだ。
　この4つのどれか1つが欠けても，人を説得することはできない。埋蔵金の例で見てみよう。

> ✕ 何を前にして：この下に，徳川幕府の埋蔵金がない。

「実は，埋蔵金はないんです」と言われて掘る人などいやしない。

> ✕ 取り組む問題：埋蔵金を取り出すためではなく，筋力を強化するために穴を掘る。

これではやる気をなくす。「穴を掘る意味がわからない」と思ってしまうであろう。

> ✕ 取り組む理由：徳川家に没収されるだけで1文にもならない。

これまたやる気をなくす。まったくの掘り損である。

> ✗ **着眼**：「穴を掘る振動が伝わると大爆発する」と古文書に書いてある。

命の危険を犯してまで掘る気にはなれない。「振動対策をまずは考えろ」と思うであろう。

　このように，言うまでもなく自明な場合を除き，上記の4つを説明しないと人は動かないのだ。これら4つを説明した上で，その研究で何をやるのかを述べる。そうすれば説得力のある序論となる。

　ベガルタ仙台の研究（例1；p.30）を改善してみよう。[ ]書きで各文の役割を添えているので，その役割に注目して読んで欲しい（実際の発表では役割を添える必要はない）。

> **例2**　ベガルタ仙台の研究の序論の骨子。
> - ベガルタ仙台は強い。どの試合でも走り勝っている［何を前にして］
> - なぜ，ベガルタ仙台は強いのか？［取り組む問題］
> - 強さの秘密がわかれば継続的強化に適用できる［取り組む理由］
> - <u>牛タン定食</u>のおかげで走力向上？［着眼］
>   ↑┌ 牛タンは良質なタンパク質
>   └ 選手はよく食べている
> - 牛タン定食を食べているから強いという仮説を検証［何をやるのか］

これならば，この研究の意義を納得できるであろう。
　5つの骨子それぞれの中身を確認しておく。

何を前にして

　研究の出発点である。「こういう現象がある」「こういう事実がある」「研究の現状はこうである」「これこれの技術開発が求められている」といったことがあり，それらのことを踏まえてその問題に取り組む。たとえば，「ベガルタ仙台は強い」ことを踏まえて，その強さの秘密を探るのだ。

どういう問題に取り組むのか

　その研究で取り組む問題である。「何を前にして」で述べたことを踏まえ，そこから何らかの問題を提起する。ベガルタ仙台の例では，「何を前にして：ベガルタ仙台は強い」ことを踏まえ，「なぜ，ベガルタ仙台は強いのか？」という問題を提起している。

取り組む理由は

その問題に取り組む理由の説明である。それがどうして問題なのか，つまりは，問題意識の説明といってよい。この説明に説得力がないと，その問題に取り組む意義を認めてもらえない。ベガルタ仙台の例では，「なぜ，ベガルタ仙台は強いのか？」が取り組む問題であり，「強さの秘密を解明できれば，ベガルタ仙台の継続的強化に適用できる」ことが，その問題に取り組む理由である。

取り組む理由には2通りの書き方がある。

> 1　上位の問題の解決に繋がる
> 　その問題の解決が，上位の問題の解決のためにどうして必要なのかを説明。
> 2　その問題の解決自体に意義がある
> 　それが，問題としてどうして成り立つのか，どうして疑問なのか，どうして不思議なのかを説明。

例2（p.32）は，上位の問題の解決に繋がるという説明をしている。これに対し，その問題の解決自体に意義を求める説明は以下のようなものである。

> どういう問題に取り組むのか：なぜ，ベガルタ仙台は強いのか？
> 取り組む理由は：財政的に恵まれておらず，選手の補強もままならないのに強い。

普通なら弱いはずなのに不思議だと疑問を呈している。

上記1，2のどちらを採るのかはあなたの研究次第である。あなたの研究に合った方を採用すればよい。

どういう着眼で（着眼理由も）

どういう点に着眼して，その問題の解決に取り組むのかということである。ベガルタ仙台の例では，牛タン定食が効いていそうだと着眼し，だから，「牛タン定食を食べているから強いという仮説を検証」（何をやるのか）するとつなげている。

着眼点となるのは，**取り組む問題に対する仮説か，取り組む問題の解決方法のアイディアのどちらか**である。ベガルタ仙台の例は，「牛タン定食のおかげ」という仮説が着眼点になっている。問題の解決方法のアイディアが着眼点となる例としては，新しい研究方法を適用したとか，新しい実験装置を開発したとかいったことである。たとえば，試合に影響を与えない微小解析装置を選手に付けてもらい運動量を分析したのならば，「微小解析装置による運動量分析」が着眼点となる。

着眼点を述べるときは，そう着眼する理由も説明するようにしよう。ベガルタ仙台の例でも，「牛タンは良質なタンパク質。選手はよく食べている」と着眼理由を説明して

いる。ただし，着眼理由が自明な場合はわざわざ説明する必要はない。

　着眼点は，その研究の売りとなるものであり，研究のオリジナリティの訴えどころの1つとなる部分である。たいていの場合あなたには，同じ問題に取り組んでいる競争相手が存在する。だから，「同じ問題を扱った論文を読んだことがある」という聴衆もいるはずだ。そんな中で，他の研究との違い（オリジナリティ）となるのが着眼の部分である。「この着眼で問題解決できます」と着眼の良さや新しさを訴えることで，あなたの発表に聴衆を惹きつけるのだ。

　ただし，着眼点（着眼理由のみならず）を書くまでもないこともある。その問題に取り組むためにはその方法を採るに決まっているような場合などだ。たとえば，地球が温暖化してきていると気づき始めた当初，「地球は温暖化しているのか？」という問題に取り組んだ研究があったとする。この問題に挑むためには，温度変化のデータ解析をするに決まっている。着眼などという大袈裟なものはない。着眼点をわざわざ書かずとも，説得力のある序論ができるはずである。

何をやるのか

　取り組む問題を解決するために，その研究で行うことである。これは，取り組む問題とは違う。ベガルタ仙台の研究では，「なぜ，ベガルタ仙台は強いのか？」という問題に答えるために，「牛タン定食を食べているから強いという仮説を検証」するわけである。両者をきちっと区別すること，そして両者とも述べることを心がけて欲しい。

　5骨子を，研究目的とその背景（動機）とに分けることができる（**要点6参照；p. 29**）。ベガルタ仙台の研究の場合は以下のようになる。

例3　序論の骨子を，研究目的と背景とに書き分けた場合。

研究目的
なぜ，ベガルタ仙台は強いのか？［取り組む問題］
牛タン定食を食べているからという仮説を検証［何をやるのか］

背景
ベガルタ仙台は強い。どの試合でも走り勝っている［何を前にして］
強さの秘密を解明できれば，ベガルタ仙台の継続的強化に適用できる［取り組む理由］
牛タン定食のおかげで走力向上？［着眼］
　　└ 牛タンは良質なタンパク質
　　└ 選手はよく食べている

＊この例では，研究目的を背景の前に出している。これはポスターのスタイルである。

スライドの場合は，背景を説明してから研究目的を述べるという順番になる。

これらに分けることは，ポスター・スライドを作る際に必要となる。以下で，研究目的とその背景について説明しておく。

　研究目的とは，「何のために，何をやるのか」というものである。つまり，「どういう問題を解決するために，何をやるのか」ということだ。この2つが揃っていないと研究目的として不十分である。たとえば，「牛タン定食を食べているからという仮説を検証」とだけ言われると，「何のために？」と思うであろう。「なぜ，ベガルタ仙台は強いのかを調べる」と言われると，「どうやって？」と思う。「なぜ，ベガルタ仙台は強いのかを調べるために，牛タン定食を食べているからという仮説を検証する」と言われれば，研究目的に納得するはずだ。

　背景は，その研究目的を行う動機である。どこからその問題が出てくるのか，その問題に取り組む理由（意義）は何なのか。どうしてそう着眼（ベガルタ仙台の例では牛タン定食）するのか。こうしたことを説明し，その研究目的に挑むことに納得してもらうのだ。

3.3 説得力に欠ける序論

　上述の5骨子のどれかが欠けるとどうなるのかを見ていこう。なお以下では，ベガルタ仙台の研究の序論（例2；p.32）の改悪例を出す。良い例のことはいったん忘れて，ベガルタ仙台の研究に初めて接する気持ちで改悪例を読んで欲しい。

3.3.1 「何を前にして」がない

　「何を前にして」がないと，何を出発点としての研究なのかがわからず戸惑ってしまう。例を見てみよう。

> 例2（p.32）の改悪例1　「何を前にして」がない。
> ［薄字：削除した文］
> ・ベガルタ仙台は強い。どの試合でも走り勝っている［何を前にして］
> ・なぜ，ベガルタ仙台は強いのか？［取り組む問題］
> ・強さの秘密がわかれば継続的強化に適用できる［取り組む理由］
> ・牛タン定食のおかげで走力向上？［着眼］
> 　　　　　┌牛タンは良質なタンパク質
> 　　　　　└選手はよく食べている
> ・牛タン定食を食べているから強いという仮説を検証［何をやるのか］

勝手に話が進んでいる感じがして，すっきりしない気持ちになるのではないか。「ベガルタ仙台は強い」（何を前にして）という情報が書いてあれば，こんな気持ちにはならないであろう。

それが既に知られた事柄であったとしても，何を前にしての研究なのかを必ず書かなくてはいけない。研究の出発点を示すことで，序論の論理が聴衆の心にすとんと入ってくるものなのだ。

3.3.2　取り組む問題を述べていない

次は，取り組む問題を述べていない例である。

> **例2（p.32）の改悪例2**　取り組む問題が不明。
> ［薄字：削除した文　赤字：改悪後の文］
> - ベガルタ仙台は強い。どの試合でも走り勝っている［何を前にして］
> - なぜ，ベガルタ仙台は強いのか？［取り組む問題］
> - 強さの秘密がわかれば継続的強化に適用できる［取り組む理由］
> - 牛タン定食のおかげで走力向上？［着眼］
>   - 牛タンは良質なタンパク質
>   - 選手はよく食べている
> - 牛タン定食を食べることと試合成績との関係を解析［何をやるのか］

「牛タン定食を食べることと試合成績との関係を解析」（青字部）は，何らかの問題を解決するために行うことである。しかしこれでは，どういう問題を解決するためにこれを行うのかが伝わりにくい。聴衆は，取り組む問題の読み取りを強いられることになる。

3.3.3　取り組む問題が飛躍している

取り組む問題として掲げているものが，その研究で実際にやったことから飛躍している例も多い。

> **例2（p.32）の改悪例3**　取り組む問題が飛躍。
> ［薄字：削除した文　赤字：改悪後の文］
> - ベガルタ仙台は強い。どの試合でも走り勝っている［何を前にして］
> - なぜ，ベガルタ仙台は強いのか？［取り組む問題］
> - ベガルタ仙台の継続的強化策を立てたい［取り組む問題］
> - 強さの秘密がわかれば継続的強化に適用できる［取り組む理由］

> - 牛タン定食のおかげで走力向上？［着眼］
>   - 牛タンは良質なタンパク質
>   - 選手はよく食べている
> - 牛タン定食を食べているから強いという仮説を検証［何をやるのか］

この研究で実際にやったことは牛タン定食仮説の検証である。出てくる答えは，「ベガルタ仙台が強いのは牛タン定食のおかげ／おかげではない」だ。これは，「なぜ，ベガルタ仙台は強いのか？」という問題に対する答えであり，「継続的強化策を立てる」に対する答えではない。強い理由に対する答えを出した上で強化策を立てるのだ。

取り組む問題は，実際にやったことに直結するものでなくてはいけない（2.3節参照；p.27）。そうでないと，実際にやったこととは異なる問題を掲げた発表になってしまう。

3.3.4 その問題に取り組む理由を述べていない

その問題に取り組む理由の説明は，序論の説得力の鍵となる部分である。取り組む理由の説明がないとどうなるか。

> **例2（p.32）の改悪例4** 取り組む理由が不明。
>
> ［薄字：削除した文］
>
> - ベガルタ仙台は強い。どの試合でも走り勝っている［何を前にして］
> - なぜ，ベガルタ仙台は強いのか？［取り組む問題］
> - 強さの秘密がわかれば継続的強化に適用できる［取り組む理由］
> - 牛タン定食のおかげで走力向上？［着眼］
>   - 牛タンは良質なタンパク質
>   - 選手はよく食べている
> - 牛タン定食を食べているから強いという仮説を検証［何をやるのか］

とたんに説得力が落ちるであろう。取り組む理由の説明がないと，「なぜ，ベガルタ仙台は強いのか？」という問題に取り組む意義がわからない。

3.3.5 わかっていないからやるのか？

その問題に取り組む理由を説得することは簡単ではない。ここでは，取り組む理由は書いてあるけれども説得力がない典型を紹介しよう。

> **例2（p.32）の改悪例5** わかっていないから調べる。
>
> ［薄字：削除した文　赤字：改悪後の文］
>
> - ベガルタ仙台は強い。どの試合でも走り勝っている［何を前にして］

- なぜ，ベガルタ仙台は強いのか？［取り組む問題］
- 強さの秘密がわかれば継続的強化に適用できる［取り組む理由］
- 強さの秘密はわかっていない［取り組む理由］
- 牛タン定食のおかげで走力向上？［着眼］
  - 牛タンは良質なタンパク質
  - 選手はよく食べている
- 牛タン定食を食べているから強いという仮説を検証［何をやるのか］

この例では，取り組む理由が，「強さの秘密はわかっていない」（青字部）からになっている。つまり，わかっていないから調べる。これだけである。しかし，これで納得できるであろうか。

改悪例5の論理は，

1. Aを明らかにする。
2. なぜならば，Aが明らかになっていないからだ。

というものである。これは，以下のように人に頼むのと同じである。

1. ここに穴を掘って下さい。
2. なぜなら，ここに穴がないからです。

こう言われて穴を掘る人はいない。ところが研究となると，このような論理で「発表を聴いて下さい」と聴衆に頼んでしまう発表者がいるのだ。

世の中には，穴が無いところが無数にある。その中で穴を掘る価値があるのは，徳川幕府の埋蔵金が埋まっているなどの特定の場所だけである。穴を掘って欲しかったら，そこを掘ることの価値を説明しないといけないのだ。

同様に，世の中には，わかっていないことが無数にある。その中で研究する価値があるのは，やはり特定のものだけである（図4）。
わかっていないことの多くは，そもそも研究する価値がないのだ。たとえば，「あん」「いろは」「うーにゃ」など名前がア行で始まる犬と，「さくら」「じゅり」「そら」などのサ行で始まる犬の平均体重の比較。このようなことを調べた人は（おそらく）いないので，体重に違いがあるのかどうかはわかっていない。でも，そんなことを調べてどうするのだと思うであろう。

「わかっていないから」というのは，その研究が，図4の「わかっていないこと」の中にあると言っているだけである。「それを報告した研究はない」と言っているだけであり，肝心の，その研究の学術的意義は何も述べていないのである。これでは，研究す

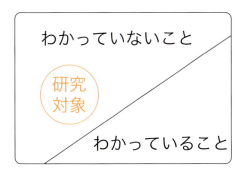

図4 研究対象とわかっていないこととの関係。研究する価値があるのは，わかっていないことの中の一部だけである。だから，「わかっていない」というだけでは，研究する価値を認めてもらえない。

る価値のあることなのかどうかわからない。学術的意義こそを述べ，図4の「研究対象」の中に入ることを示さないといけない。

ただし，「わかっていないから」を理由に挙げてはいけないとか，序論に「わかっていないから」と書いてはいけないとは思わないで欲しい。私が駄目だと言っているのは，「わかっていないから」というだけの理由ですませてしまうことである。たとえば，以下の論理には説得力がある。

> 1．Aを明らかにすることを目的とする。
> 2．Aを明らかにすることには，これこれの学術的意義がある。
> 3．しかし，Aは明らかになっていない。

序論に3を書く必要があるのかどうかは，文の流れによるであろう。いずれにせよ，わかっていないことが重要な理由であることに変わりはない。改悪例5の論理に説得力がないのは，「わかっていない」という理由だけですませているからである。

3.3.6 問題解決のための着眼を述べていない

問題解決のための着眼がないとどうなるであろうか。

> **例2（p.32）の改悪例6** 着眼が不明。
> ［薄字：削除した文］
> - ベガルタ仙台は強い。どの試合でも走り勝っている［何を前にして］
> - なぜ，ベガルタ仙台は強いのか？［取り組む問題］
> - 強さの秘密がわかれば継続的強化に適用できる［取り組む理由］
> - 牛タン定食のおかげで走力向上？［着眼］
>   ┌ 牛タンは良質なタンパク質
>   └ 選手はよく食べている

- 牛タン定食を食べているから強いという仮説を検証［何をやるのか］

これでは，「何で牛タン定食？」と思うばかりである．自明な場合を除き，着眼をきちっと書かないといけない．

着眼点を述べていても，それに着眼する理由を述べていないのでは同じことである．

> **例 2（p.32）の改悪例 7**　着眼理由が不明．
> ［薄字：削除した文］
> - ベガルタ仙台は強い．どの試合でも走り勝っている［何を前にして］
> - なぜ，ベガルタ仙台は強いのか？［取り組む問題］
> - 強さの秘密がわかれば継続的強化に適用できる［取り組む理由］
> - 牛タン定食のおかげで走力向上？［着眼］
>   ┌ 牛タンは良質なタンパク質
>   └ 選手はよく食べている
> - 牛タン定食を食べているから強いという仮説を検証［何をやるのか］

やはり，「何で牛タン定食？」と思ったであろう．着眼を受け入れてもらうためには，着眼理由の説明が必要である．

3.3.7　問題解決のために何をやるのかを述べていない

問題解決のために行うこと（何をやるのか）を示さずに研究方法の説明に入ってしまう発表もある．

> **例 2（p.32）の改悪例 8**　問題解決のために何をやるのかが不明．
> ［薄字：削除した文］
> - ベガルタ仙台は強い．どの試合でも走り勝っている［何を前にして］
> - なぜ，ベガルタ仙台は強いのか？［取り組む問題］
> - 強さの秘密がわかれば継続的強化に適用できる［取り組む理由］
> - 牛タン定食のおかげで走力向上？［着眼］
>   ┌ 牛タンは良質なタンパク質
>   └ 選手はよく食べている
> - 牛タン定食を食べているから強いという仮説を検証［何をやるのか］

序論はこれで終わりである．しかしこれでは，「なぜ，ベガルタ仙台は強いのか」という問題に取り組むために何をやるのかが伝わらない．聴衆としては，要は何をやるのか（牛タン定食を食べているから強いという仮説の検証）をまずもって頭に入れたいのだ．

その上で研究方法の詳細を聞けば，個々の研究項目の狙いを理解しやすい。だから序論に，何をやるのかをはっきりと書いておく必要がある。それなしに，研究方法の詳細をいきなり説明されても，聴衆は混乱するばかりである。

3.4 説得力のある序論にするコツ

本節では，説得力のある序論にするコツを紹介する。

3.4.1 骨子の練り方

まず始めに，序論に必要な骨子（要点6；p.29）の練り方を説明する。手持ちの結果を元に，逆順に骨子を練るのがコツである（図5）。

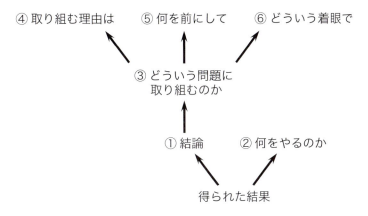

図5 序論の骨子の練り方。得られた結果を元に番号順に練っていく。

①手持ちの結果を元に結論を決める　得られた結果から，何らかの結論を導き出そう。これは，2.2節（p.25）の説明に従って行えばよい。ベガルタ仙台の研究の場合，以下の結果から以下を結論した。

> 1. 牛タン定食を食べた年ほど，選手の走力および試合成績が良かった。
> 2. ベガルタ仙台の選手が牛タン定食を絶ったら，その後の試合の成績が落ちた。
> 3. 他チームの選手に牛タン定食を食べさせたら，その後の試合の成績が上がった。
>
> 結論：ベガルタ仙台が強いのは牛タン定食を食べているから。

これを出発点に骨子を練っていく。

②何をやるのかを確定する　結論を出すためにやったことを列記してみよう。ベガルタ仙台の研究の場合，以下のようになる。

> 1．ベガルタ仙台の選手が1年間に牛タン定食を食べた回数と，選手の走力および試合成績との関係を調べた。
> 2．ベガルタ仙台の選手が牛タン定食を絶ったら，その後の試合の成績が落ちるのかどうかを調べた。
> 3．他チームの選手に牛タン定食を食べさせたら，その後の試合の成績が上がるのかどうかを調べた。

次に，何のためにこれらをやったのかを，短い言葉にまとめてみよう。

> 何をやるのか：ベガルタ仙台が強いのは牛タン定食を食べているからという仮説を検証。

これが，この研究でやったことである。

③取り組む問題を確定する　結論を元に取り組む問題を決めよう。結論に対応した問題にしてしまうのだ（第2章参照：p.24）。「ベガルタ仙台が強いのは牛タン定食を食べているから」という結論なのだから，それに対応する問題はこれである。

> 取り組む問題：なぜ，ベガルタ仙台は強いのか？

2.3節（p.27）で述べたように，取り組む問題を，結論に直接対応したものにすることも忘れないで欲しい。

④取り組む理由と⑤何を前にしてを考える　この2つは一緒に考えるとよい。

　取り組む理由の説明では，取り組む問題が「問題である理由」を説明する。その書き方には2通りある（p.33）。

> 取り組む理由：その問題の解決が，上位の問題の解決に繋がる
> 　強さの秘密を解明できれば，ベガルタ仙台の継続的強化に適用できる。
> 取り組む理由：その問題の解決自体に意義がある
> 　財政的に恵まれておらず，選手の補強もままならないのに強い。

1つ目の説明法を採る場合は，上位の問題の解決にどう繋がるのかを説明する。2つ目の説明法を採る場合は，それがどうして問題として成り立つのか，どうして疑問なのかを説明する。

「何を前にして」は，取り組む問題を提起する上で出発点となる事柄である。「なぜ，ベガルタ仙台は強いのか？」という問題は，「ベガルタ仙台は強い」が出発点となっている。だからこうなる。

> 何を前にして：ベガルタ仙台は強い。どの試合でも走り勝っている。

⑥**着眼を整理する**　どういう点に着眼して問題を解決しようとしたのかを振り返ろう。問題解決に取り組んだからには，何らかの着眼を必ずしているはずである。また，それに着眼した理由を思い起こそう。ベガルタ仙台の研究の場合，以下のようになる。

> 着眼点：牛タン定食のおかげで走力向上？
> 着眼理由：牛タンは良質なタンパク質。選手はよく食べている。

ただし上述のように（p.34），着眼点を書くまでもないか，着眼点は書く必要があるけれど着眼理由は不要な場合もある。

3.4.2　その問題に取り組む理由を説得するために

慣れないうちは，取り組む理由の説得は難しい。本項では，その説得のためのコツを書いておく。それは，<u>学会の聴衆の興味関心を意識して，取り組む理由を決める</u>ということである。

ある学会の聴衆は，ある研究分野に興味関心を抱いている人たちである。その興味関心は，学会によってずいぶんと異なる。たとえば，「ベガルタ仙台学会」の聴衆はベガルタ仙台に興味関心があり，「宮城県民の幸福学会」の聴衆は宮城県民の幸福に興味関心がある。だから，その学会の聴衆の興味関心を意識するのは当たり前のことである。同じ研究を発表するのであっても，学会によって，取り組む理由を変えることも必要となる。

では，具体的にはどうすればよいのか。それは，取り組む理由の説明において，その分野の問題解決に貢献することを示すことである。たとえば以下は，「ベガルタ仙台学会」で発表する場合である。

> ベガルタ仙台の強さの秘密を解明できれば，ベガルタ仙台の継続的強化に適用できる。

一方，「宮城県民の幸福学会」では以下のように説明しないといけない。

> ベガルタ仙台の強さの秘密を解明できれば，ベガルタ仙台の継続的強化に適用できる。ベガルタ仙台が強くなれば，大きな経済普及効果を宮城県にもたらす。

これならば，「宮城県民の幸福には関心があるけれど，ベガルタ仙台には関心がない人」（注：実際には，そんな宮城県民は1人もいない）も意義を認めてくれる。

第4章 演題の付け方

　本章では，演題の付け方（**要点7**）を説明する。なぜ，演題が大切なのか。良い演題とはどういうものなのか，良い演題を付けるにはどうすればいいのか。以下で，これらのことを考えていきたい。

　演題の付け方の説明が序論の書き方の説明の後に来ているのは，序論の5つの骨子（**要点6**；p.29）を作り上げることで，発表の目的・意義が明確になるからである。その上で，的確な演題を考えていくのだ。

　学会発表も論文も演題の付け方は同じである。だから，本章での説明は，論文のタイトルを考える場合にもそのまま当てはまることである。実例もすべて，論文のものを用いた。

要点7

良い演題の付け方

1. 良い演題とは
   - ◇ 一読で理解できる
   - ◇ どういう研究なのか想像がつく
2. 演題に入れる情報
   - ◇ 取り組む問題
   - ◇ 問題解決のための着眼点（着眼理由は不要。着眼点も，書くまでもないこともある）
   - ◇ 研究対象（対象の個性が重要な分野では必要）
     * 「取り組む問題」「問題解決のための着眼点」はそれぞれ，序論の骨子の「どういう問題に取り組むのか」「どういう着眼で」と同じもの（要点6；p.29）。
3. わかりやすくする工夫
   - ◇ 「取り組む問題を述べる主題：問題解決のための着眼を述べる副題」という形にする

4.1 演題の役割

演題の役割とは何か。それは、聴衆の興味を惹きつけることである。聴衆は、プログラム等に並んだ演題を読んで聴きたい発表を選ぶ。発表の本体自体がいくら興味深いものであったとしても、演題が興味を惹かないと、その発表は見過ごされてしまう可能性があるのだ。だから、聴衆の興味を惹きそびれないよう、知恵を振り絞って演題を付けなくてはいけない。けっして、適当に付けるなかれだ。

4.2 良い演題とは

良い演題とは、**要点 7-1 (p.45)** の2つを備えたもののことである。

一読で理解できる

どういう意味なのかと読解させる演題はいけない。一度読めば理解できるようにしよう。そのためにはまず、意味を明解にするよう心がけることである。それに加え、一読で理解できる長さにすることだ。長いと、それだけ読解が大変になる。頭の中で一度に理解できる長さにしよう。ただし、短ければ短いほどよいわけではない。一読で理解できる長さならば、それで十分である。

どういう研究なのか想像がつく

演題を読めば、どういう研究なのか想像がつくことも絶対条件だ。一読で理解できるものであっても、研究の中身が伝わらないようでは駄目である。

4.3 演題に入れる情報

ではどうすれば良い演題になるのか。以下では、良い演題の2つ目の条件「どういう研究なのか想像がつく」に絞って説明していく。

研究の中身の想像がつくようにするためには、**要点 7-2 (p.45)** の3つを演題に入れることである。ベガルタ仙台の研究の場合は以下のようになる。

> 取り組む問題：なぜ、ベガルタ仙台は強いのか？
> 着眼点：牛タン定食のおかげ
> 研究対象：ベガルタ仙台

1つ目と2つ目は，序論の5つの骨子（**要点6；p.29**）の内の2つだ。研究対象は，たとえば，生物学ならば研究を行った生物種・地域，天文学ならば観測した天体，心理学ならば被験者などのことである。この3項目が演題に入っていれば，「何を対象に，どういう着眼でどういう問題に取り組むのか」がわかる。「どういう研究なのか」をよく表しているであろう。

以下で，これら3項目を入れる理由について詳しく説明する。

4.3.1 取り組む問題

取り組む問題を入れるのは当然だ。これがないと，どういう研究なのか全然わからない。

4.3.2 問題解決のための着眼点

私は，着眼点を演題に入れることを強く推奨する。着眼点は，その問題に，どういう視点から取り組むのかを示すものだからだ。たとえば，「なぜ，ベガルタ仙台は強いのか？」とあるだけでは，どのようにしてこの問題に挑むのかがわからない。「牛タン定食のおかげ」という着眼点があればそれが伝わるであろう。着眼点を入れることで，「どういう問題にどのように取り組むのか」が明確になるわけである。

着眼点が大切なもう1つの理由は，着眼点が，研究の売りとなるものであり，オリジナリティとなるものだからである（**p.33**の「どういう着眼で」の説明参照）。演題に着眼点を入れて，研究の売りを積極的に訴えるべきである。

ただし，着眼点を入れるまでもないこともある。その問題に取り組むためにはその方法を採るに決まっており，着眼点を訴えるまでもない場合などである（**p.34**参照）。

4.3.3 研究対象

生物学・農学など，研究対象の個性が結果に影響を及ぼしうる分野では，研究対象も演題に入れる。こうした分野では，研究対象に関する情報が必須であることが多いのだ。

ただし，研究対象をわざわざ入れる必要もない研究分野もあると思う。あなたの分野では研究対象を入れているのかどうかを，いろいろな発表の演題を見て判断して欲しい。

4.3.4 結論は入れるべきではない

ここで，演題に結論を入れるべきではないという持論を述べておく。

結論を入れた演題とは以下のようなものである。

> **例4** ベガルタ仙台が強いのは牛タン定食を食べているからである

> **例5** 大人が頑張っている姿を見ると，幼児は，目的達成のためにより頑張るようになる
> (Infants make more attempts to achieve a goal when they see adults persist)
> (Science　2017年　357巻　1290–1294ページ)
>
> **例6** 花びらのナノ構造の不規則性が花への訪花昆虫の誘引を強める
> (Disorder in convergent floral nanostructures enhances signalling to bees)
> (Nature　2017年　550巻　469–474ページ)
> ＊花びらのナノ構造：花びら表面の微細な構造を指している。構造が不規則だと散乱光が反射される。

　これらはいずれも，結論をそのまま演題にしている。インパクトがあるといえばあるので，こうした演題は少なくない。しかし私は，こういう演題は良くないと思っている。その理由は2つある。

　第1に，これらの演題は，**取り組む問題を述べていない**からである。演題という短い文に，問題と結論の両方を入れるのは無理なことが多い。そのため結論を入れようとすると，取り組む問題は入れないことになりやすい。しかしそれでは，どういう問題に取り組むのかと聴衆は戸惑う。想像がつく場合もあろうが，読解の努力を強いられるし，想像が正しいのか確信を持ちにくい。例3も，ベガルタ仙台を愛する者が，「ベガルタ仙台の強さの秘密の解明」に取り組んだのかもしれないし，牛タン定食を売りたい者が，「牛タン定食の効果の解析」に取り組んだのかもしれないのだ。**取り組む問題があってこその結論**である。取り組む問題を入れずに結論だけを入れることなどありえない。

　では，こんな感じに工夫すれば，取り組む問題も伝わるから良いと思うであろうか。

> **例7** なぜ，ベガルタ仙台は強いのか：牛タン定食を食べているからである

　たしかに，工夫をすれば，取り組む問題と結論の両方を演題に入れることができる発表もある。しかし，こうした演題が良くない理由はもう1つあった。

　その第2の理由は，結論を受け入れるかどうかは，論拠（データ・論理展開）を吟味した上で，聴衆が決めることだということである。演題という短い文に論拠を入れることなど不可能だ。だから結局，無根拠に結論を宣言することになってしまう。これでは，自分の発見を一方的に喧伝しているようで，研究者としての姿勢に馴染まないと私は感じる。

　例5，6は，以下の方が良いと思う（例4の改善例は次節参照）。

> **例5の改善例**
> × 大人が頑張っている姿を見ると，幼児は，目的達成のためにより頑張るようになる
> ○ 幼児はいかにして忍耐力を身に着けるのか？：大人が頑張っている姿の影響の解析
>
> **取り組む問題**：幼児はいかにして忍耐力を身に着けるのか？
> **着眼点**：大人が頑張っている姿が影響
> **対象**：幼児
>
> **例6の改善例**
> × 花びらのナノ構造の不規則性が花への訪花昆虫の誘引を強める
> ○ 花びらのナノ構造の不規則性の意義：不規則度が異なる人工花を用いた，訪花昆虫の誘引実験
>
> **取り組む問題**：花びらのナノ構造の不規則性の意義
> **着眼点**：ナノ構造の不規則度が異なる人工花を用いて実験
> **対象**：人工花と訪花昆虫
> ＊花びらのナノ構造の不規則性がなぜ進化したのか，その要因を調べた論文である。

これらならば，取り組む問題が明確で理解しやすいであろう。

一方，結論を演題に入れることを良しとする意見もある。印象が強まりやすいということはあるからだ。なので，後はあなたの自己判断に任せたい。ただし結論を入れる場合も，取り組む問題が伝わることを心がけて欲しい。そのためには，1つには，例7のようにすることである。例4～6のような結論のみの演題は，その分野において非常に有名な問題に取り組んでおり，結論を見ただけで取り組む問題がすぐにわかる場合のみに用いるべきである。

4.4 良い演題の例

本節では，良い演題の例を紹介する。ベガルタ仙台の研究の演題は，このようにすると良い。

> **例8**
> なぜ，ベガルタ仙台は強いのか：勝利を呼ぶ牛タン定食仮説の検証
> **取り組む問題**：なぜ，ベガルタ仙台は強いのか？

着眼点：牛タン定食のおかげ
研究対象：ベガルタ仙台

これならば，問題・着眼・研究対象がすべて伝わってくるであろう．実例も見てみよう．

> 例9
> 古代の歯石 DNA から示唆された，ネアンデルタール人の行動・食餌・疾患
> （Neanderthal behaviour, diet, and disease inferred from ancient DNA in dental calculus）
> （Nature　2017 年　544 巻　357–361 ページ）
> 取り組む問題：ネアンデルタール人の行動・食餌・疾患
> 着眼点：古代の歯石 DNA を分析
> 研究対象：ネアンデルタール人

> 例10
> タコの吸盤の突起に着想を得た，濡れに強い接着パッチ
> （A wet-tolerant adhesive patch inspired by protuberances in suction cups of octopi）
> （Nature　2017 年　546 巻　396–400 ページ）
> 取り組む問題：濡れに強い接着パッチの開発
> 着眼点：タコの吸盤の突起を応用
> 研究対象：————

どちらも，どういう問題にどういう着眼で取り組むのかがよくわかるであろう．

4.5 悪い演題の例

では，悪い演題の例を見てみよう．

4.5.1 調べた対象を演題にしただけ

1つ目は，調べた対象を演題にしただけのものである．

> 例8（p.49）の改悪例1　調べた対象を演題にしただけ
> ベガルタ仙台に関する栄養学的研究

ベガルタ仙台は調べた対象だ。「ベガルタ仙台に関して栄養学的な研究を行った」と言っているだけであり，ベガルタ仙台にまつわるどういう問題について研究したのかは言っていない。これでは研究の中身が伝わらない。

実例も見てみよう。

> **例 11** 調べた対象を演題にしただけ。
> 海洋生物に関する島嶼生物地理学
> （Island biogeography of marine organisms）
> （Nature　2017 年　549 巻　82–85 ページ）

これも，海洋生物について研究したと言っているだけである。海洋生物に関する島嶼生物学のどういう問題に取り組むのかわからない。

> **例 11 の改善例**
> 海水準変動に伴う島嶼の分断と接続が珊瑚礁魚類の進化に与えた影響
> **取り組む問題**：珊瑚礁魚類の進化
> **着眼点**：海水準変動に伴う島嶼の分断・接続の影響
> **研究対象**：珊瑚礁魚類

海水面の高さは地史的に変動しており，島同士が，陸続きになったり分断したりした過去を持つ。このことが，珊瑚礁魚類の進化に与えた影響を解析した論文である。改善例の演題ならば，こうした発表の中身がよくわかるであろう。もう 1 例見てみる。

> **例 12** 調べた対象を演題にしただけ。
> 米国カリフォルニア州南部の 13 万年前の遺跡
> （A 130,000-year-old archaeological site in southern California, USA）
> （Nature　2017 年　544 巻　479–483 ページ）

遺跡は調べた対象であり，それをただ書いただけである。これでは，どういう問題に取り組むのかわからない。

> **例 12 の改善例**
> 人類は北米にいつ到達したのか？：米国カリフォルニア州南部の 13 万年前の遺跡の解析から
> **取り組む問題**：人類は北米にいつ到達したのか？
> **着眼点**：米国カリフォルニア州南部の 13 万年前の遺跡を解析

> 研究対象：人類

これならば研究の中身がよくわかるであろう。

　調べた対象を書くことと取り組む問題を書くことはまったく違う。調べた対象を書くだけでは何も伝わらないと思って欲しい。

4.5.2　取り組む問題ではなく，問題解決のためにやったことを書いている

　次は，非常にありがちな例である。

> **例8（p.49）の改悪例2**　問題解決のためにやったことを書いている。
> 牛タン定食がベガルタ仙台の試合成績に及ぼす影響

このタイトルは取り組む問題を書いていない。その問題を解決するためにやったことを書いている。しかしこれでは本末転倒である。「なぜ，ベガルタ仙台は強いのか」という問題に答えるために，牛タン定食と試合成績との関係を調べたのだ。問題解決のためにやったことよりも，取り組む問題の方が大切に決まっている。

　実例も見てみよう。

> **例13**　問題解決のためにやったことを書いている。
> 米国における，嗜好品利用のツイートのパターン
> 　（National substance use patterns on Twitter）
> 　（PLOS ONE　2017年　e0187691）
> ＊嗜好品：酒・たばこ・薬物などを指している。

嗜好品利用のツイートのパターンが取り組む問題のように見える。しかしそうではなく，嗜好品利用の実態と，その利用に関してどのような感情が支配的であるのかを解明することが取り組む問題であった。そのためにツイートを利用したのだ。こう改善してみよう。

> **例13の改善例**
> 米国における，嗜好品利用の実態とその利用に関する感情：ツイートの解析から
> **取り組む問題**：米国における，嗜好品利用の実態とその利用に関する感情
> **着眼点**：ツイートを解析
> **研究対象**：米国のツイート

これならば，取り組む問題が明確である。もう1例見てみよう。

> **例 14**　問題解決のためにやったことを書いている。
> 肥満を恥じる心理の，交感神経系の異常度による評価
> 　（A sympathetic nervous system evaluation of obesity stigma）
> 　（PLOS ONE　2017 年　e0185703）

肥満を恥じていると，交感神経系の異常をもたらす。交感神経系の異常度により，その人の肥満を恥じる度合いを定量的に評価した論文である。しかし取り組む問題は，肥満を肯定するメディア情報は，肥満を恥じる心理を抑えるのかどうかであった。ならばこの方が良いであろう。

> **例 14 の改善例**
> 肥満を肯定するメディア情報は，肥満を恥じる心理を抑えるのか？：交感神経系の異常度による評価
> **取り組む問題**：肥満を肯定するメディア情報は，肥満を恥じる心理を抑えるのか？
> **着眼点**：交感神経系異常による評価
> **研究対象**：────

4.5.3　問題解決のための着眼点がない

　取り組む問題は書いてあるのだけれど，着眼点を書いていない演題も非常に多い。

> **例 8（p.49）の改悪例 3**　問題解決のための着眼点がない。
> なぜ，ベガルタ仙台は強いのか？

取り組む問題はわかる。しかし，どういう着眼でこの問題の解決に挑もうとしているのかが伝わらない。4.3.2 項（**p.47**）に書いたように，着眼点を積極的に訴えるべきである。

　実例も見てみよう。

> **例 15**　問題解決のための着眼点がない。
> ミノア人とミケーネ人の遺伝的起源
> 　（Genetic origins of the Minoans and Mycenaeans）
> 　（Nature　2017 年　548 巻　214–218 ページ）
> ＊ミノア人とミケーネ人：青銅器時代にエーゲ海地方で豊かな文明を作り上げた人々。

ミノア人とミケーネ人がどこからやって来た人々なのか，その起源に取り組むことはわかる。では，どうやって調べたのだろう。

> **例 15 の改善例**
> ミノア人とミケーネ人の遺伝的起源：古代人 19 体のゲノム解析
> **取り組む問題**：ミノア人とミケーネ人の遺伝的起源
> **着眼点**：古代人 19 体のゲノム解析
> **研究対象**：ミノア人とミケーネ人

これならば，解析手法がよくわかり，結果に対する期待も高まるであろう。もう 1 例見てみる。

> **例 16** 問題解決のための着眼点がない。
> 群衆の知恵により最善策を見出す
> （A solution to the single-question crowd wisdom problem）
> （Nature　2017 年　541 巻　532–535 ページ）
> ＊群衆の知恵：特定の専門家の意見ではなく，不特定多数の意見を集約するというもの。

群衆の知恵は確かに重要であり，多数の支持を得たものが最善策であることは多い。しかしもちろん最善策でないこともある。そこで，群衆の知恵を利用して，より確実に最善策を見出す方法を提唱した。だがこれでは，確実性向上のためのアイディア（着眼点）が伝わらない。

> **例 16 の改善例**
> 群衆の知恵により最善策を見出す：予想よりも支持の多かった策の最善性
> **取り組む問題**：群衆の知恵により最善策を見出す方法
> **着眼点**：予想よりも支持の多かった策が最善
> **研究対象**：─────

これならば，問題解決のための着眼点がわかり，かつ，その新規性も感じるであろう。

4.5.4　情報の並列

「○○と△△」といった形で情報を並列している演題もある。たとえば以下のようにである。

第 4 章｜演題の付け方

> 例 8（p.49）の改悪例 4　　情報の並列。
> ベガルタ仙台の強さと牛タン定食

しかしこれでは，「ベガルタ仙台の強さ」と「牛タン定食」がどういう論理関係にあるのかわからない。そのため，どういうことをやった研究なのかはっきりしない。
　実例も見てみよう。

> 例 17　　情報の並列。
> 軟骨魚類シムモリウムの頭蓋とギンザメの起源
> 　（A symmoriiform chondrichthyan braincase and the origin of chimaeroid fishes）
> 　（Nature　2017 年　541 巻　208–211 ページ）
> ＊軟骨魚類シムモリウム：先史時代のサメ
> ＊ギンザメ：現生のサメ

これでは，「軟骨魚類シムモリウムの頭蓋」と「ギンザメの起源」がどういう関係にあるのかはっきりせず，どういう研究なのかとしばし考えてしまう。

> 例 17 の改善例
> ギンザメの起源：軟骨魚類シムモリウムの頭蓋の解析から
> **取り組む問題**：ギンザメの起源
> **着眼点**：軟骨魚類シムモリウムの頭蓋を解析
> **研究対象**：ギンザメと軟骨魚類シムモリウム

これならば，悩むことなく一読で理解できるであろう。

4.5.5　情報を詰め込みすぎ
　情報過多の演題はわかりにくく，理解する気を失う（疲れるので，例は 1 つだけ）。

> 例 8（p.49）の改悪例 5　　情報の詰め込みすぎ。
> ベガルタ仙台の選手が牛タン定食を食べる頻度，および，彼らが牛タン定食を 1 ヶ月間食べ続けたときと 1 ヶ月間牛タン定食を絶ったとき，他チームの選手が 1 ヶ月間牛タン定食を食べ続けたときとその直前 1 ヶ月間の試合の成績の比較

頭の中で一読で理解できない演題は駄目だ。そんな演題を頑張って読解してくれる聴衆などいないと思った方がよい。

4.6 わかりやすくする工夫

本節では，わかりやすいタイトルにする方法を紹介する（**要点 7-3；p.45**）。それは，

> 取り組む問題を述べる主題：問題解決のための着眼を述べる副題

という形にすることである。この形の演題はわかりやすい。取り組む問題と着眼点とが分離しているので，両者を読み取りやすいのだ。たとえば，例 8 を以下のようにしてみよう。

> 例 8（p.49）の改悪例 6　ベガルタ仙台が強い理由を説明する，勝利を呼ぶ牛タン定食仮説の検証

元のものよりも明瞭さが落ちるであろう。主題・副題に必ず分けよとは言わないが，演題を明瞭にする手段として活用して欲しい。

第 5 章
研究方法の説明

本章では，研究方法の説明において，何を伝えるべきなのか（**要点 8**）を説明する。伝えるべきことは，論文執筆の場合とは少々異なる。論文との違いを対比させながら説明していこう。論文執筆経験がなく論文に対するイメージがない読者は，対比の部分は斜め読みして構わない。

要点 8

研究方法の説明

1．研究方法を説明する目的
　◇ 適切な方法を採っているという信頼を得ること
2．そのために
　◇ 研究方法の概要を説明する
　◇ 研究方法が，研究目的に答えるものになっていると理解してもらう
3．説明すべきこと
　◇ 研究対象
　◇ 各実験・調査等の狙い（見出しとして示す）
　◇ 各実験・調査等の内容の簡単な説明（単純な場合は不要）
　◇ データ処理の方法（統計処理の方法等；常識的な方法の場合は不要）

5.1 研究方法を説明する目的

まず初めに，学会発表の場合の，研究方法を説明する目的とそのためにすべきこと（要点 8-1，8-2）を説明する。

研究方法の説明は，適切な方法を採っているという信頼を得るために行う。つまり，概要を説明して，研究目的に答えるものになっていると納得してもらうのである。詳細を説明して，その適切さを細かなところまで確認してもらう必要はない。

概要に留めるのは，詳細を省いても，結果・結論の説明に支障はないからである。聴衆も，研究方法の詳細な説明など望んでいない。たいていの聴衆は，研究目的・結論・論拠など，重要なメッセージを知りたくて聴いているのだ。だから，重要なことを置いておいて詳細を説明されるといらいらしてしまう。

研究方法の詳細が必要となるのは、その研究を再現したいときである。再現方法に関心のある聴衆は個人的に質問に来るはずだ。そのときに詳細を説明してあげればよい。

論文と違う点は、これまで述べてきたように、詳細な説明が不要である点だ。それ以外は、論文に求められること（酒井 2015 を参照）とだいたい同じである。

5.2 説明すべきこと

具体的には、要点 8-3（p.57）の 4 つを提示する。ベガルタ仙台に関する研究を例に説明していこう。

例18 ベガルタ仙台の研究における研究方法の説明。

注1：以下の研究は、2027 年の J リーグ終了時に発表したという想定である。書いてあることがちょっとくらい大幅に歴史と違っていても気にしないように。

注2：勝ち点とは、勝つと 3 点、引き分けると 1 点貰える点のことである。勝ち点の獲得数で順位が争われる。

研究対象と方法

研究対象

ベガルタ仙台
- ☆ 仙台に本拠地を置くJリーグクラブ
- ☆ 2009 年からJ1
- ☆ 2023-2027年にJ1を5連覇

調査・実験方法

牛タン定食を食べた回数と、選手の走力および試合成績との関係
- ◇ 2019-2027 年のデータを用いて以下の3つの関係を解析

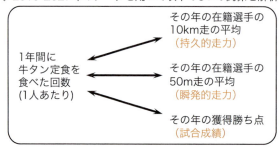

牛タン定食を食べるかどうかが試合成績に与える影響
- ◇ 2027年に、2つの操作実験を行った
  - ー それぞれで、獲得勝ち点を比較 ー

> ベガルタ仙台の選手が牛タン定食を絶つ
>   絶つ直前の5試合 ⟷ 絶って1ヶ月経過後の5試合
>
> スペインリーグのFCバルセロナとレアルマドリードの選手が
> 牛タン定食を食べ始める
>   食べ始める直前の5試合 ⟷ 食べ始めて1ヶ月経過後の5試合
>
> （＊この例の場合は，データ処理の方法は説明しない。常識的な方法を使うため）

研究対象

　実験・調査等を行った対象の，素性・由来・特徴などを簡単に説明しよう。この説明は，対象の個性が研究結果に影響しうる分野（生物学・農学など）ではとくに大切である。研究に用いた生物の種名・遺伝学的系統・産地などを書いて，研究対象を特定できるようにしよう。この例の場合，まず初めに，調査対象であるベガルタ仙台の説明を行っている。

各実験・調査等の狙いを示した見出し

　各実験・調査等の狙いを見出しとして示すようにしよう。この例の1つ目の調査では，「牛タン定食を食べた回数と，選手の走力および試合成績との関係」が狙いを示した見出しである。この見出しを適宜，結果の説明等でも一貫して使う。そうすれば聴衆は，結果との対応をつかみやすくなる。

　何のためにその実験・調査等を行ったのか，その狙いを示すことは大切である。狙いがわからないと，聴衆はいらついてしまうのだ。たとえば，例18の調査・実験方法の部分が以下のようであったとしよう。

> **例18の改悪例**　狙いを示した見出しがない。
>
> ［薄字：削除した文］
>
> #### 調査・実験方法
> 牛タン定食を食べた回数と、選手の走力および試合成績との関係
> ◇ 2019-2027年のデータを用いて以下の3つの関係を解析
>
> 1年間に牛タン定食を食べた回数（1人あたり）
> ⟷ その年の在籍選手の10km走の平均（持久的走力）
> ⟷ その年の在籍選手の50m走の平均（瞬発的走力）
> ⟷ その年の獲得勝ち点（試合成績）

> 牛タン定食を食べるかどうかが試合成績に与える影響
> ◇ 2027年に、2つの操作実験を行った
> － それぞれで、獲得勝ち点を比較 －
>
> ベガルタ仙台の選手が牛タン定食を絶つ
>   絶つ直前の5試合 ⟷ 絶って1ヶ月経過後の5試合
>
> スペインリーグのFCバルセロナとレアルマドリードの選手が
> 牛タン定食を食べ始める
>   食べ始める直前の5試合 ⟷ 食べ始めて1ヶ月経過後の5試合

狙いを示した見出しがなくなるだけで，ずいぶんといらつくであろう。

　複数の実験・調査等を行ったときには，あなたが実際に行った順番に説明する必要はない。説明順の基本は，論理展開に沿った順番にすることである。ベガルタ仙台の研究では，牛タン定食を食べた回数と試合成績に相関があったので，因果関係を調べる実験をするという論理が自然である。だから上述のような順番になっている。結果を説明するときも，ここでの説明順と同じにする。そうでないと，聴衆に余計な混乱を与えるだけである。

各実験・調査等の内容の簡単な説明

　各実験・調査等の内容を簡単に説明しよう。説明では，細部にこだわってはいけない。知らなくても支障がないのならば，それを聴衆にわざわざ聴かせる必要はないのだ。本筋と関係ない説明は，ばっさりと切り捨ててしまおう。

　その実験・調査等の見出しを読めば想像がつく場合には，内容の説明は省略してもよい。

データ処理の方法

　データ処理の方法とは，データの統計処理の方法のことなどである。常識的な方法を使う場合は説明を省略してよい。たとえば，実験・調査等の方法を聴けば，当然その処理法を使うと推察できる場合などだ。そうでない場合は，簡潔な説明をしておこう。

第 6 章
研究結果・考察・結論の示し方

　本章では，研究結果・考察・結論として何を伝えるべきなのかを説明する。伝えるべきことは5つありうる。それを**要点9**にまとめたので，それぞれについて説明していこう。なお，これらをどういう章立てで発表すべきなのかの説明は，第3部第6，8章（p.135，157）に譲る。

要点 9

研究結果・考察・結論として示すこと

1. 得られた結果の提示
   ① 心がけること
      ◇ 結論を導くのに必要な結果だけを示す
      ◇ 研究方法の説明と同じ順番で提示する
   ② 示すこと
      ◇ 各結果の見出し（狙いを示したもの。研究方法の説明で用いた見出しと同じにする）
      ◇ わかりやすい形にまとめた結果
      ◇ 各結果から言えることの要約
2. 考察：得られた結果の統合的解釈（必要な場合のみ）
3. 考察：先行研究の検討（必要な場合のみ）
   ◇ 得られた結果（結論）の，既存の知見との整合性の検討
   ◇ 他の仮説との比較検討
4. 結論：取り組んだ問題への答え
   ◇ 問題への答えになっている結論を示す
   ◇ できるだけ簡潔に
   ◇ 結論とまとめは違う
5. 結論を受けて：その問題に取り組んだ理由への応え（必要な場合のみ）

6.1　得られた結果の提示

　まずもって，あなたの研究で得られた結果（データ等）を提示する。その際，心がけるべきことがある（**要点9-1-①**）。それは，結論を導くのに必要な結果だけを示すということである。結論に関係しない結果を示してはいけない。こうしたものがあると発表

がわかりにくくなるだけである。ただしもちろん，あなたにとって都合の悪い結果を削ってよいという意味ではない。こうした結果も示し，その上で言えることを結論としないといけない。結果を示す順番は，研究方法の説明での説明順と同じにする（5.2 節参照；p.58）。そうでないと，聴衆に余計な混乱を与えるだけである。

具体的に示すべきことは**要点 9-1-②**（p.61）の 3 つである。「牛タン定食を食べた回数と試合成績の関係」を例に説明していこう。

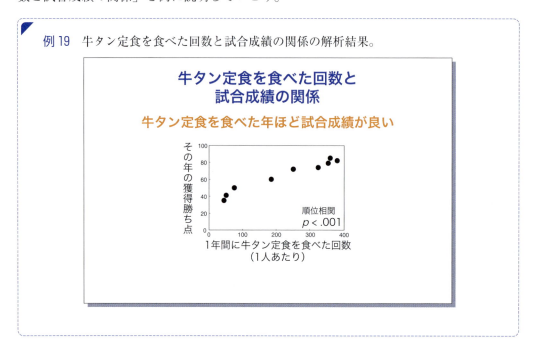

例 19　牛タン定食を食べた回数と試合成績の関係の解析結果。

各結果の見出し

それを調べた狙いを見出しとして示そう。例 19 では，「牛タン定食を食べた回数と試合成績の関係」が狙いを示した見出しである。これがあれば，何についての結果なのか明確になる。研究方法の説明で用いた見出し（5.2 節参照；p.58）と同じものにすることも心がけて欲しい。そうすれば，研究方法との対応もつきやすくなる。

わかりやすい形にまとめた結果

結果（データ等）をわかりやすい形に加工して提示する。例 19 では散布図にまとめている。結果がわかりにくいと聴衆はいらついてしまう。結論を支える根拠なのだから，その内容を理解してもらえるよう最善の努力を払う必要がある。

わかりやすく提示する方法は第 3 部第 5 章（p.119）で詳述する。

各結果から言えることの要約

その結果から何が言えるのか，それをひと言でまとめる。例 19 では，「牛タン定食を

第6章｜研究結果・考察・結論の示し方

食べた年ほど試合成績が良い」が結果の要約である。これがあると聴衆は，結果の意味することを理解しやすくなる。

　これら3つを提示する順番は，例19のように，「見出し　要約　わかりやすい形にまとめた結果」を推奨する。結果から言えることの要約が重要なので，それを目立つ位置（見出しの下）に書くべきだからである。見出しのすぐ下に要約があると，「何について（見出し），何が言えるのか（要約）」がぱっとわかるという利点もある。

　3つの内，見出しと結果の要約を書くのを忘れがちである。しかしそれではいけない。これらがないとどうなるのかを見てみよう。

　論外なのは，見出しも要約も書かずに結果だけを示すものである。

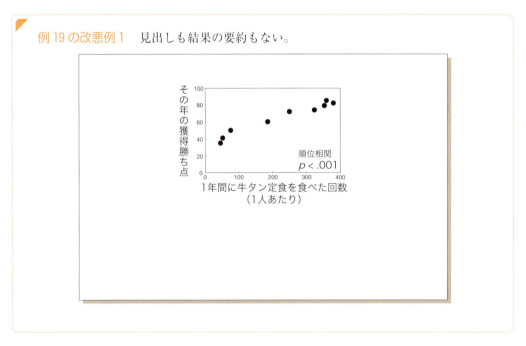

例19の改悪例1　見出しも結果の要約もない。

これでは，何についての結果で何を言いたいのかわからない。聴衆は，これらを読み取るという余計な努力を強いられることになる。「言葉で説明するから書く必要はない」と思ってはいけない。学会発表の鉄則は，見ただけで聴衆が理解できるようにしておくことである（第3部4.8節参照；p.117）。

　次は，見出しがない例だ。

例19（p.62）の改悪例2　　見出しがない。

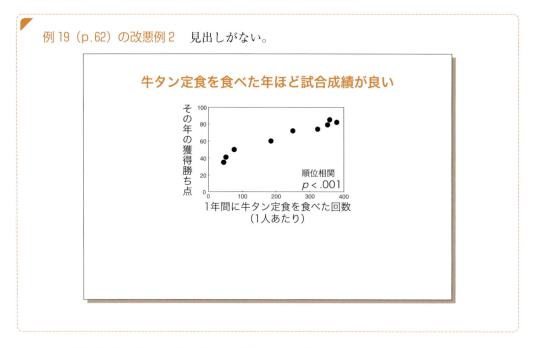

これにも聴衆は戸惑う。結果の要約は見出しとは異なる。「牛タン定食を食べた年ほど試合成績が良い」は，これが何についての結果なのかを説明しているわけではないのだ。何の結果なのかを知らされずに，結果の要約をいきなり言われても困ってしまう。

最後は，結果から言えることの要約がない例だ。

例19（p.62）の改悪例3　　結果の要約がない。

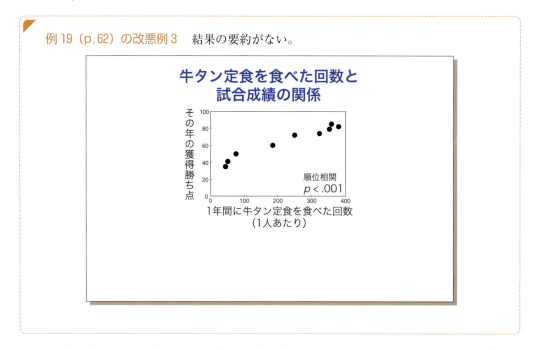

これでは，結果から言えることを聴衆が読み取らなくてはいけない。例19（p.62）のようにひと言書いてくれればすむことなのに，なんとも腹立たしい気持ちになる。

6.2　考察：得られた結果の統合的解釈

必要に応じて，得られた結果いくつかを統合して解釈をする。たとえば，牛タン定食が走力を向上させるのかどうかを調べたところ，以下の3つがわかったとする。

> - 牛タン定食を食べた年ほど，選手の 10 km 走の平均記録が良かった。
> - ベガルタ仙台の選手が牛タン定食を絶ったら，10 km 走の平均記録が下がった。
> - 他チームの選手が牛タン定食を食べ始めたら，10 km 走の平均記録が上がった。

この場合，この3つの結果から言えることそれぞれを要約するだけでは不十分である。この3つの結果を統合し，「牛タン定食には，走力を向上させる効果がある」と解釈する必要がある。

6.3　考察：先行研究の検討

先行研究の検討も必要ならば行う。その目的は2つありうる（**要点9-3；p.61**）。1つは，得られた結果（結論）が，既存の知見と整合するのかどうかを検討するためである。たとえば以下のようにだ。

> **例20**　結果（結論）の，既存の知見との整合性の検討。
> ヨーロッパでは，牛タンシチューをたくさん食べているチームほど強い
> 　（ネイマール 2020）
> 　← 牛タン定食仮説と整合

もう1つは，他の仮説との比較検討のためである。他の仮説があるのなら，あなたの結論とどちらが確からしいのかを議論する。

> **例21**　他の仮説との比較検討。
> 牡蠣を食べているから強い仮説（メッシ 2021）
> 　← ○○実験の結果と矛盾
> ＊牡蠣の影響を調べる○○実験を本研究でやったとする。

先行研究の内容を紹介する場合は，文として紹介してしまうのもよいが，先行研究のデータを見せるのもよい。データ（証拠）を見せれば一目瞭然だけれども，いろいろ説

明すべきことが増えて煩わしくなるかもしれない。文だと，その煩わしさはない。要は，わかりやすい方を採ればよい。どちらを採るにせよ，引用（「ネイマール2020」等）を忘れずに書くように。そうでないと，誰の研究なのか聴衆にはわからない。

　さしたる目的もなく先行研究を紹介することは厳に慎んで欲しい。不要な情報を付け加えてはいけない。先行研究も，結論の妥当性を判断する上で必要なものだけを紹介するべきである。上述の2つの目的以外には，先行研究に触れる必要はほとんどないはずだ。

6.4　結論：取り組んだ問題への答え

　あなたは序論で，取り組む問題を提示した。だからそれに答えないといけない。その答えが結論である。聴衆は，あなたの発表を聴きながら，取り組んだ問題に対する答え（結論）を知ろうとしているのだ。結論が不明確だと，何を言いたいのかわからない発表になってしまう。ベガルタ仙台の研究では，

> 取り組んだ問題：なぜ，ベガルタ仙台は強いのか？
> 結論：牛タン定食を食べているからである

といった答えを出さなくてはいけない。

　以下で，結論を示す上での注意点（要点9-4；p.61）を3つ述べておく。

6.4.1　問題への答えになっている結論を示す

　結論は，取り組んだ問題に対する答えになっていないといけない。このことは，第2章（p.24）においてすでに説明ずみである。取り組んだ問題と結論を並べて書き，両者がきちっと対応しているかどうかを必ず確認して欲しい。

6.4.2　できるだけ簡潔に

　できるだけ簡潔な結論にしよう。学会発表とは，その場で聴いてその場で理解するものなのだから，簡潔なメッセージを送るべきなのだ。情報量が多くてすぐには理解できないような結論を示されると，聴衆は困ってしまう。

　取り組んだ問題が1つならば，結論も1つのはずである。たとえば，ベガルタ仙台の研究で以下の3つがわかったとする。

> ① ベガルタ仙台が強いのは牛タン定食を食べているからである。
> ② 疲れが溜まってくるシーズン後期の方が効果が大きい。

③ アメリカ産よりも国産の牛タンの方が効果が大きい。

この場合，結論はあくまでも①である。②と③は副次的なことだ。これを，どれも大切なことだからと，以下のように箇条書きで示してはいけない。

> 例22　結論が複数ある。
>
> **結論**
> 1．ベガルタ仙台が強いのは牛タン定食を食べているからである
> 2．疲れが溜まってくるシーズン後期の方が効果が大きい
> 3．アメリカ産よりも国産の牛タンの方が効果が大きい

これでは，「結論」の情報量の多さに聴衆は困ってしまう。2と3もまとめとして示したいのなら，これらは副次的なことであると明示するようにしよう。

> 例22の改善例　結論は1つ。
>
> **結論**
> ベガルタ仙台が強いのは牛タン定食を食べているからである
>
> ただし
> ・疲れが溜まってくるシーズン後期の方が効果が大きい
> ・アメリカ産よりも国産の牛タンの方が効果が大きい

こうした工夫をすれば，聴衆が情報を整理しやすくなる。

6.4.3　結論とまとめは違う

結論とまとめは違う。まとめは全体をまとめたものであり，結論もその一部である。両者をきちっと区別し，結論を明確にするように心がけよう。まとめを示す場合には，どれが結論なのかを明示する工夫をしよう。

> 例23　結果をまとめつつ結論を示す。
>
> **結論**
> **ベガルタ仙台が強いのは牛タン定食を食べているから**
>
> ・牛タン定食を食べた年ほど，選手の走力・試合成績が良かった
> ・ベガルタ仙台の選手が牛タン定食を絶ったら弱くなった
> ・他チームの選手が牛タン定食を食べ始めたら強くなった

このようにまとめれば，結論と根拠を読み取りやすいであろう。

以下で，おかしな結論になってしまっている典型例を2つ紹介する。最悪なのは，結果をまとめることが「結論」であると思っている例である。

> **例23の改悪例1**　ただのまとめになっている「結論」。
>
> **結論**
>
> 本研究では以下のことがわかった
> 1. 牛タン定食を食べた年ほど，選手の走力・試合成績が良かった
> 2. ベガルタ仙台の選手が牛タン定食を絶ったら弱くなった
> 3. 他チームの選手が牛タン定食を食べ始めたら強くなった

これは結論を書いていない。結果の繰り返しで終えては，この発表で言いたいことが聴衆に伝わらない。一方，こんな感じの「結論」を出してしまう例もある。

> **例23の改悪例2**　結論と根拠が混在。
>
> **結論**
>
> ・牛タン定食を食べた年ほど，選手の走力と試合成績が良かった
> ・ベガルタ仙台の選手が牛タン定食を絶ったら弱くなった
> ・他チームの選手が牛タン定食を食べ始めたら強くなった
> ・ベガルタ仙台が強いのは牛タン定食を食べているからであると結論した

結論と根拠（結果）が混ざってしまっているので，聴衆は，結論を読み取るのに苦労してしまう。

6.5　結論を受けて：その問題に取り組んだ理由への応え

発表というものは，多くの場合，取り組んだ問題への答え（結論）を示すだけでは不十分である。たとえば，「ベガルタ仙台が強いのは牛タン定食を食べているから」と結論したとする。これだけだと聴衆は，「それで何なのか？」と思ってしまう。問題に答えたことの意義がわからないからだ。

あなたがその問題に取り組んだのは，取り組むべき理由があったからである。序論の骨子の「取り組む理由は」（p.33）がそれだ。ベガルタ仙台の研究では，継続的強化に適用できるという理由で，強さの秘密を調べたわけである。問題解明の意義はここにある。だから，問題に対する答えを出した上で，それが，その問題に取り組んだ理由にどう応えるのかを説明しないといけない。たとえば以下のようにである。

> **例 24** その問題に取り組んだ理由への応え。
>
> 牛タン定食を食べているから強い
> ↓
> 牛タン定食を計画的に食べることが有効
> ・選手寮に牛タン定食屋を併設
> ・遠征先でも食べられるようにする

これで聴衆は，この研究の意義を納得してくれる。

取り組んだ理由への応えは，取り組んだ理由が，「上位の問題の解決に繋がる」である場合（p.33 参照）は必ず書く。そして取り組んだ問題への答えが，上位の問題の解決にどう繋がるのかを説明しよう（上記のベガルタ仙台の例のように）。

取り組んだ理由が，「その問題の解決自体に意義がある」である場合（p.33）は，取り組んだ理由への応えを書くかどうかはその研究による。たとえば，

> **取り組んだ理由**：財政的に恵まれておらず，選手の補強もままならないのに強い。

ならば，

> **例 25** その問題に取り組んだ理由への応え。
>
> 牛タン定食を食べているから強い
> ↑
> 資金力の不足を，牛タン定食（1 食 1500 円程度）が補っていた

と応えるべきである。あなたの研究では，取り組んだ理由への応えが必要かどうか検討して欲しい。

第 7 章 講演要旨の書き方

学会発表をするにあたっては，講演要旨を前もって提出する。聴衆は，講演要旨集を読んで，聴きに行くべきかどうかを最終判断するのだ。だから，魅力ある要旨を書くことが大切である。本章では，講演要旨の書き方を説明する。論文の要旨の書き方とは少々違うので，論文を書き慣れている方も注意して読んで欲しい。

要点 10
講演要旨に書くこと

1．序論
 1）何を前にして
 2）どういう問題に取り組むのか
 3）取り組む理由は
 4）どういう着眼で
 5）何をやるのか
 （「どういう問題に取り組むのか」と「取り組む理由は」の順番は逆でもよい）
2．研究方法
3．研究結果
4．結論
5．結論を受けて：その問題に取り組んだ理由への応え（必要な場合のみ）

7.1 講演要旨に書くべきこと

良い要旨の条件は，発表の中身を短い文章で正確に伝えていることである。そのためには要は，**要点 10** にまとめたことを簡潔に書くことである。これらをうまく伝えるには，以下のような構成の要旨が良いであろう。

最初の数文：序論を述べる。5 骨子を述べる順番は**要点 10** の通りに。
続く文章：研究方法と研究結果を適度な長さで説明。説明順は以下のどちらかにする。
　　　　　◇　研究方法 → その結果 → 研究方法 → その結果

> ◇ 研究方法をまとめて説明 → 結果をまとめて説明
> **最後の数文**：結論と，その問題に取り組んだ理由への応えを述べる。

ベガルタ仙台の例で見てみよう。【 】内は，続く文の役割を示したものである。実際の要旨では【 】内を書く必要はない。

> **例26** ベガルタ仙台の研究の講演要旨。
> **なぜ，ベガルタ仙台は強いのか：勝利を呼ぶ牛タン定食仮説の検証**
> 【序論】ベガルタ仙台は強い。どの試合でも走り勝っている。その強さの秘密は何なのか？ それを解明できれば，ベガルタ仙台の継続的強化に適用できるであろう。ベガルタ仙台の選手は牛タン定食が好きで，よく食べているらしい。牛タンは良質なタンパク質なので，選手の走力の向上に役立っているのかもしれない。本研究では，選手が牛タン定食を食べているから強いという仮説を提唱し，その検証を行った。
> 【研究方法と研究結果の説明】2019〜2027年の各年に，ベガルタ仙台の選手1人あたりが1年間に牛タン定食を食べた回数を調べ，その年の在籍選手の走力（10 km走・50 m走の平均）および試合成績との関係を調べた。その結果，牛タン定食を食べた年ほど，選手の走力（10 km走・50 m走とも）が高く，試合成績も良いことがわかった。一方，2027年のシーズン途中に，ベガルタ仙台の選手に牛タン定食を絶ってもらった。すると，絶つ前の5試合に比べ，絶ってから1ヶ月経過した後の5試合の試合成績が落ちてしまった。これに対して，同年のスペインリーグ中に，FCバルセロナとレアルマドリードの選手に牛タン定食を1ヶ月間食べ続けてもらった。その結果，食べ始める前の5試合に比べ，食べ始めてから1ヶ月経過した後の5試合の試合成績が上がった。これら操作実験の結果は，牛タン定食を食べると強くなることを示している。
> 【結論】以上のことから，ベガルタ仙台が強い理由の1つは，選手が牛タン定食を食べているからであると結論した。【取り組んだ理由への応え】ベガルタ仙台の継続的強化のためには，牛タン定食を計画的に食べることが効果的といえる。

研究方法と研究結果の説明順に関して補足しておく。実際に発表するときは，

> 1 方法をまとめて説明 → 結果をまとめて説明
> 2 方法の全体像 → 個別の方法 → その結果 → 個別の方法 → その結果
> 3 個別の方法 → その結果 → 個別の方法 → その結果

のうち，1または2の順番で説明するべきである（第3部3.2.1項参照；p.86）。聴衆は，結果の説明に入る前に，研究方法の概要を知っておきたいからである。しかし要旨

では，①，②，③のどの順番でも構わない。聴衆が要旨を読む目的は，発表内容を素早く知ることだからである。わかりやすく正確に書いてありさえすれば，方法と結果の順番は気にしない。だから，あなたが説明しやすい順番にすればよいのだ。

1つ，大切なことを注意しておく。結果・結論を要旨にちゃんと書けということだ。というのも，以下のような講演要旨が少なくないのだ。

例26（p.71）の改悪例　結果・結論を書いていない。

［薄字：削除した文　赤字：改悪後の文］

【序論】（略）

【研究方法と研究結果の説明】2019〜2027年の各年に，ベガルタ仙台の選手1人あたりが1年間に牛タン定食を食べた回数を調べ，その年の在籍選手の走力（10 km走・50 m走の平均）および試合成績との関係を調べた。その結果，牛タン定食を食べた年ほど，選手の走力（10 km走・50 m走とも）が高く，試合成績も良いことがわかった。一方，2027年のシーズン途中に，ベガルタ仙台の選手に牛タン定食を絶ってもらった。すると，絶つ前の5試合に比べ，絶ってから1ヶ月経過した後の5試合の試合成績が落ちてしまった。これに対して，同年のスペインリーグ中に，FCバルセロナとレアルマドリードの選手に牛タン定食を1ヶ月間食べ続けてもらった。その結果，食べ始める前の5試合に比べ，食べ始めてから1ヶ月経過した後の5試合の試合成績が上がった。これら操作実験の結果は，牛タン定食を食べると強くなることを示している。また，2027年のシーズン途中に，ベガルタ仙台の選手に牛タン定食を絶ってもらう実験を行った。同様に，同年のスペインリーグ中に，FCバルセロナとレアルマドリードの選手に牛タン定食を1ヶ月間食べ続けてもらう実験も行った。これらの結果から，牛タン定食が，ベガルタ仙台の強さにどのように影響しているのかを解析する。

（＊これで講演要旨は終わり。）

この講演要旨は，どういうことをやるのかを書いているだけである。その結果どうなったのかも，どう結論したのかも書いていない。これでは，肝心のことが聴衆に伝わらない。

こういう講演要旨を書いてしまう事情はわからないではない。講演要旨の登録期限は学会のけっこう前なので，その時点では解析がすんでいないのだ。しかし，こんな講演要旨を書いてしまっては，あなたの評価を落とすだけである。講演要旨の登録期限までに，解析もすべて終わらせておくよう努力しよう。

7.2 論文の要旨との違い

　学会発表の要旨と論文の要旨では、書き方に決定的な違いが1つある。以下で、その違いを説明する。論文執筆経験がなく、論文の要旨と言われてもピンと来ない方は、以下を読み飛ばしてもかまわない。

　学会の講演要旨では序論をきちっと書く。つまり、研究目的（取り組む問題・何をやるのか）だけでなく、背景（何を前にして・取り組む理由・着眼）（3.2節参照；p.31）もきちっと書く。これに対し論文の要旨では、目的のみを書き、背景を書く必要はない（酒井 2015）。たとえばこんな感じだ。

> **例27**　論文の要旨。
> **なぜ、ベガルタ仙台は強いのか：勝利を呼ぶ牛タン定食仮説の検証**
> 【研究目的】ベガルタ仙台が強い理由を探るために、選手が牛タン定食を食べているから強いという仮説を提唱し、その検証を行った。【研究方法と研究結果の説明】2019～2027年の各年に、ベガルタ仙台の選手1人あたりが1年間に牛タン定食を食べた回数を調べ、その年の在籍選手の走力（10 km走・50 m走の平均）および試合成績との関係を調べた。その結果、牛タン定食を食べた年ほど、選手の走力（10 km走・50 m走とも）が高く、試合成績も良いことがわかった。（以下略）

　なぜ、このような違いがあるのか。その理由は2つある。

　第1に、基本姿勢として、論文は必要なものを探すのに対し、学会発表は面白そうなものを探すためである（むろん、面白そうな論文を探すことや、聴く必要がある学会発表を探すこともあるのだが）。つまり論文を探す動機は、自分の研究に関連する論文をおさえておくため、自分の研究を進める上での参考にするため、自分の論文を書く際の参考文献にするためといったことであることが多い。だから、要旨を読んで、その論文を読む必要があるのかどうかをすばやく判断したい。判断の材料となる情報は、その論文でやったこと――どういう目的でどんなことをし、どんな結果が出てどう結論したのか――である。研究の背景は知る必要がない。背景は、「その論文でやったこと」ではなく、それをやった動機であるからだ。たとえば、「ベガルタ仙台の継続的強化に役立つ」という背景を知らなくても、この論文でやったこと（「ベガルタ仙台の強さの秘密を探るために牛タン定食仮説を検証し」うんぬん）を理解することに支障はない。こうした読者にとって、背景はむしろ余計な前置きである。だから、論文の要旨には背景を書かなくてよい（もちろん、論文本体の序論には背景を書く）。これに対して学会の聴衆は、面白そうな発表はないかと講演要旨を探す。学会は、最新の研究成果に関する情報を得る場であり、刺激を受ける場であるからだ。自分の研究とさしあたっては関連し

ていなくても構わない。その発表を聴いて何か得るものがあればそれで良いのだ。そんな聴衆にとっては，研究の背景が，その発表を聴くかどうかの重要な判断材料となる。研究の背景（意義・動機）がまさに，その研究の面白さの鍵を握るからである。たとえば，「ベガルタ仙台の継続的強化に役立つ」という背景があるからこそ，「なぜ，ベガルタ仙台は強いのか」を調べた研究を意義深いと思うのだ。だから学会発表の要旨では，序論を丁寧に書いて，研究の目的と背景を訴える必要がある。

　第2に，学会発表においては，講演要旨が，形として残るほぼ唯一の資料であるためである。発表そのものはその場で消える。発表終了後にその内容を知りたいと思ったら，講演要旨を読むことになる。だから，研究の背景も含め，必要な情報はきちんと書き留めておく必要がある。

第3部

学会発表の
プレゼン技術

第3部では，学会発表のためのプレゼン技術を説明する。第1, 2章では，何のために発表するのかということと，わかりやすい発表のために大切なことを考えよう。これらはいわば，プレゼンの精神論である。第3〜10章で，わかりやすいポスター発表・口頭発表をするためのプレゼン技術を紹介する。

第 1 章
何のために学会発表をするのか

> まずもって，何のために学会発表をするのかを確認しておこう。これを意識することが，わかりやすい発表をするために絶対に必要なのだ。

1.1 伝えたいと思っているのはあなた

あなたはどうして，学会発表をしようと思い立ったのだろうか。それは，何か新しい研究成果をあげ，それを伝えたいと思ったからであろう。聴衆に頼まれたからでも先生に命令されたからでもなく，あなたが，伝えたいと思っているのだ。だから学会発表をする。まずもって，このことを強く意識してほしい。

1.2 学会発表は，聴衆にわかってもらうために行う

では改めて，何のために学会発表をするのか。その目的は明確だ。あなたが伝えたいことを，聴衆にわかってもらうために行うのである。そんなの当たり前と思ってはいけない。この目的を頭に刻み込む必要がある。聴衆は冷たい存在なのだ。

聴衆は，あなたのために，あなたの発表を聴きに来るのではない。自分自身のために聴きに来ているのだ。あなたの発表から刺激を得たい，新知見を得たいなどと思って聴いているわけである。だから当然，あなたのために，あなたの発表を理解する努力などしてくれない。聴衆自身のためになら，理解する努力をしうる。

理解する努力をしてくれるのかどうかは以下の2つにかかっている。

> 1 あなたの発表が，聴衆にとってどれだけ興味深そうか。
> 2 理解するのにどれくらいの努力が必要か。

興味深そうなほど理解の努力をしてくれる。しかし，たくさんの努力を強いられるほど理解する気力が失せる。いくら興味深そうでも，理解を放棄されてしまう可能性があるのだ。

あなたは，理解の努力が最小ですむ発表をしなくてはいけない。1は，研究成果が出た時点でだいたい決まってしまうので，今からはどうしようもない。しかし2は，プレゼン技術の問題である。だから発表においては，2の改善に全力を注がなくてはいけない。

たまに見受けられるのは，「わかってくれる人だけわかってくれればいい」といった開き直りである。「興味深い研究成果なのだから，誰かは頑張って理解してくれる」と。甘い。けっして，聴衆の努力などという不確かなものに期待を寄せてはいけない。そんな暇があったら，あなた自身が努力するべきである。伝えたいと思っているのはあなたなのだから。

学会発表とは，情報を聴衆に届ける乗り物である。あなたは，学会発表という乗り物に情報を載せて聴衆に届けようとしているのだ（図6）。

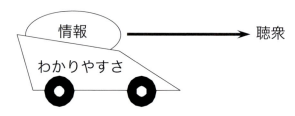

図6　学会発表と情報の関係。学会発表とは，情報を聴衆に届ける乗り物である。乗り物の性能（わかりやすさ）と，その学会発表が載せている情報の価値は別物だ。

肝要なのは，乗り物の性能（わかりやすさ）と，その学会発表が載せている情報の価値は別物であることである。載せている情報の価値が高いからといって，乗り物の性能が自然と上がるわけもないのだ。どんなにすごい情報も，乗り物の性能が低ければ（わかりにくければ）聴衆に伝わることはない。あなたの大切な情報を送り出すのだから，可能な限り性能の高い乗り物に載せてあげようではないか。

第2章
わかりやすい発表をするために心がけること

本章では，わかりやすい発表とはどういうものなのか，わかりやすい発表をするために心がけるべきことは何なのかを説明する。

要点 11

わかりやすい発表とは

1. 情報整理をしやすい
   ◇ 問題提起から結論に至るまでの話の流れをつかみやすい
   ◇ 個々の情報を理解するための負担がかからない
2. その主張を導く論理を理解できる

2.1 わかりやすい発表とは

そもそも，どのような発表がわかりやすいのか。それは，要点 11 を満たしたものである。以下で詳しく説明していく。

2.1.1 聴衆が，情報整理をしやすい

聴いていて情報整理をしやすいことが，わかりやすい発表の第 1 条件である。つまり，要点 11-1 の 2 つを満たしていることである。それぞれについて説明しよう。

問題提起から結論に至るまでの話の流れをつかみやすい

聴衆は，発表を聴きながら，問題提起から結論に至るまでの話の流れを理解しようとしている。だから，その作業を楽に行えるようにしなくてはいけない。聴衆自身に，話の流れを読み取る努力をさせては駄目だ。あなたが前もって，話の流れを明確にしておくのである。そして，水路のごとく明瞭に流れる発表をするのだ。

個々の情報を理解するための負担がかからない

発表は，いくつもの情報が積み重なってできている。だから，1 つ 1 つの情報も楽に理解できるようにする必要がある。そのためには，情報の保持と処理という 2 種類の作

業の負担を減らすことである。

　発表を聴きながら聴衆は，情報を頭の中に一時的に保持しつつ，それを処理していく。たとえば，「38＋29」を暗算するときは，38 と 29 という 2 つの数字を頭の中に保持し，それらの足し算という処理を行っていく。こうした作業は，作業記憶と呼ばれる領域で行われる。作業記憶の容量は小さい。情報を保持するだけに専念したとしても，だいたい 7 個（単語なら 7 単語，数字なら 7 つ）しか覚えていられない。情報を保持しながら処理を行うとなると，処理能力はかなり下がる。たとえば上述の計算を，「38＋29＝？」というスライドを見ながら行う（保持の負担が減る）のと，何も見ずに行う（保持の負担がかかる）のとでは，計算の楽さがずいぶんと違うはずだ。

　だから，わかりやすい発表をするためには，情報の保持と処理の負担を極力減らすことである。つまり，聴衆に何も覚えさせないことである。そして，見ればすぐにわかるようにして，聴衆に何も解読させないことである。

2.1.2　その主張を導く論理を理解できる

　聴衆が，その主張を導く論理を理解できることもまた大切である。たとえば，以下のように結論してあるスライドが出てきたとしよう。

> **例 28**　その主張を導く論理を理解できない。
> 　　　選手が牛タン定食を食べた回数と，その年の試合成績に相関はなかった
> 　　　　　　　　　　　↓
> 　　　ベガルタ仙台が強いのは牛タン定食を食べているから

このスライドは，情報の保持と処理という負担を聴衆にかけていない。だから「わかりやすい」はずだ。しかし聴衆は「？」である。「相関はなかった」のにどうしてこう結論できるのか。これでは理解しようがない。

　「わかる」とは「理解する」ということだ。聴衆は，理解できないことを受け入れて（わかって）くれはしない。だから，発表の論理性自体も，きちっと吟味しないといけない。

2.2　わかりやすい発表をするために心がけること

　ではどうすれば，わかりやすい発表をすることができるのか。そのために大切なことが 3 つある。

> ☐　わかりやすくしようという意識を持つ。

- ☐ 聴衆を想定する。
- ☐ プレゼン技術を身につける。

以下で，1つ目と2つ目を説明する。3つ目は，第3～10章（p.83～）で詳述する。

2.2.1 わかりやすくしようという意識を持つ

　私が思うに，プレゼン技術の中で一番大切なことは，わかりやすくしようという意識を持つことである。わかりにくい発表をする人は，そもそもこの意識がないのだ。この意識があるならば，わかりやすくしようと改善の努力をする。「この説明でわかるのか？」「どう直せばわかりやすくなるのか？」を考える。意識がない人はこうしたことを考えない。意識がある人は向上し，意識がない人は向上しないのである。

　以下は大真面目な助言である。普段の生活から「気遣いの心」を養って欲しい。プレゼンとは要するに聴衆に対する気遣いなのだ。「こうすればわかりやすくなる」「この部分が伝わりにくいのでは」といった，聴衆の側に立った気遣いができるかどうか。プレゼンがうまい人は，こうした配慮が自然とできる。「気遣いの心」はおそらく，プレゼンの時にのみ発揮されるのではなく，普段の生活から発揮されているものなのだ。

2.2.2 聴衆を想定する

　どういう人が聴衆なのかを意識することも大切である。聴衆にわかってもらうために発表するのだから，これは当たり前だ。

　では具体的には，その聴衆のどういう点を意識すべきなのか。私は，興味・知識を意識することを勧める。

興味

　学会には，ある研究分野に興味関心がある人たちが集う。○○学会（「生態学会」とか「森林学会」とか）の，○○学（「生態学」とか「森林学」）に興味関心がある人たちだ。だから当然，発表においては，その人たちの興味を惹くことを心がける必要がある。そのためには，あなたの発表が，その分野の問題解決にいかに貢献するのかを訴えることだ（第2部3.4.2項参照；p.43）。

　規模が大きい学会では，同じ研究分野内とはいっても，参加者の興味関心はいくつかの小分野に分かれている。その場合は，全参加者の興味を一様に惹くことは難しいであろう。だから，ある小分野に興味関心のある人たちを惹き付ける気持ちでよい。

　同じ研究内容を異なる学会で話すこともある。その場合は，学会に応じて，興味の訴えどころを微調整する必要がある（その方法は，第2部3.4.2項参照；p.43）。

知識

　専門的な知識を用いた説明をするときは注意が必要である。そうした知識がない聴衆は，説明についていけなくなるからだ。聴衆を失わないように，聴衆が知らないであろうことは説明しなくてはいけない。このことは，学会発表においてはとくに気にかける必要がある。聴衆がその場で調べる余裕はないからだ。

　では，専門的な知識をどこまで説明すべきか。

　その学会の研究分野に共通する専門知識は説明が不要である。大規模学会の場合は，あなたが対象とする小分野に共通する専門知識（学会の全参加者に通じる知識ではなく）は説明が不要だ。こうした知識は，その分野の聴衆ならば持っているはずのものである。そんな知識を丁寧に説明したら聴衆はいらついてしまう。学会を体験しに来た若者（卒業研究生とか）は，こうした知識の説明抜きではついていけないかもしれない。しかしそれはやむを得ない。この人たちはあくまでも体験に来たのだ。「学ぶべきことがたくさんある」と実感させてよしとしよう。

　一方，その研究分野で扱う数ある課題の中の，ある特定の研究課題のみに関連する専門知識は説明が必要である。専門家といえど，自分の研究課題から離れた知識は不足しているからだ。こうした知識はきちっと説明して，聴衆を失わないようにしよう。

第 3 章
すっきりとしていてわかりやすい話にするコツ

　本章では，学会発表する内容を，すっきりとした話，わかりやすい話にするコツ（要点12）を紹介する。これは，ポスター・スライドの作り方というよりも，説明内容の練り上げ方についての説明である。第2部で作った構想を，すっきりとしてわかりやすい話にするための参考にして欲しい。

要点 12

すっきりとしていてわかりやすい話にするコツ

1. 必要かつ不可欠な情報だけを示す
   - ◇ 主張することを絞る
   - ◇ それらを主張するために必要な情報だけを示す
   - ◇ 聴衆の疑問に配慮する
   - ◇ 同じ説明を繰り返さない
2. 理解の流れに沿った順番で情報を与える
   - ◇ 研究方法の説明をすべて終えてから結果の説明をする
     または，研究方法の概要を説明してから結果の説明をする
   - ◇ 結果の説明を終えてから結論を述べる
   - ◇ 論理的なつながりを意識する
   - ◇ 重要なことから示す
3. 直感的な説明を心がける

3.1　必要かつ不可欠な情報だけを示す

　最初にすべきことは，必要かつ不可欠な情報だけを選ぶことである。そのためにはまずもって，その発表で主張することを絞ることである。次に，その主張を行うために必要な情報（データ等）を1つも欠けることなく，かつ，無駄なものを1つとして含むことなく選び出すことである。以下で，これらのことを具体的に説明していく。

3.1.1　主張することを絞る

　あなたはその研究でいくつかの発見をしたかもしれない。そして，それらの発見を面

白いと思っているであろう。だから，あれもこれも伝えたいと思いがちである。しかし，それらをみんな発表しようとしてはいけない。主張することが多いと話が複雑になり，聴衆が理解しにくくなるからだ。主張することを絞ることが，理解しやすい話にする出発点である。

たとえば，ベガルタ仙台の研究で，以下の3つがわかったとする。

> 1 ベガルタ仙台が強いのは牛タン定食を食べているからである。
> 2 疲れが溜まってくるシーズン後期の方が効果が大きい。
> 3 アメリカ産よりも国産の牛タンの方が効果が大きい。

1がまさに結論であり，2以降は副次的な主張だ。これらを，どれも大切だからと全部話そうとしたら，脇道の多い発表になってしまうであろう。たとえば3を話すのなら，「アメリカ産と国産の牛タンの比較」といったデータも示すことになる。しかしこのデータは，1の主張とはほとんど関係がない。つまり，1を主張するということだけからいうと脇道である。こうした脇道が多いと，あなたが一番主張したいこと（結論1）さえも読み取ってもらえなくなる可能性がある。だから，2 3のどこまでを話すのか（結論に加え，副次的な主張をどこまで話すのか）を検討しなくてはいけない。

どこまで絞るべきなのかは，あなたに与えられた発表時間（ポスター発表の場合は説明時間帯の長さ）によって変わる。その時間内で余裕を持って主張できる内容に絞り込むようにしよう。「聞かれたら答える」というつもりになれば，発表内容からは削る決心もつきやすいと思う。

投稿論文・博士論文・修士論文・卒業論文の内容を発表する場合も，発表時間に応じて内容を絞りこむ必要がある。無理して全部話そうとすると，わかりにくくなるだけである。

3.1.2 それらを主張するために必要な情報だけを示す

主張することを絞ったら，改めて，それらを主張するために必要な情報は何かを考える。そして，不要な情報は残らず捨てる（ただしこれはもちろん，不都合な情報を削るということではない）。示す情報はすべて，それらの主張を行う上で不可欠なものでなくてはならない。これは，序論・研究方法・結果・考察などの，あらゆる部分に当てはまることである。また，あなた自身が行ったことの説明だけでなく，先行研究の紹介にも当てはまることである。無駄な情報があると，話がわかりにくくなるだけだ。

やりがちな失敗は，ついつい欲張って，結果をたくさん示そうとすることである。関係はしているのだから，せっかく調べたのだからと，その主張をするのに必須とはいえない結果を出してしまう。たとえば，上述の1の主張に関係しそうだと，「仙台における，牛タン定食屋の数の推移」を結果に加えてしまう（注：仙台には，牛タン定食の専

門店がたくさんある）。しかしこの情報は，①を主張するのに不可欠ではないだろう。ならば削るべきである。

学会発表は，頑張ったことを示す場ではない。あなたの主張を効率よく伝える場である。あなたの持つ情報（データ等）に対して非情にならないといけない。

3.1.3 聴衆の疑問に配慮する

聴衆の疑問に配慮し，それに応える情報を示すことも心がけよう。そのためには，ある話をしたら聴衆はどういう疑問を抱くのかを考えることである。そして，その話の「前」か「すぐ後」に疑問に答える説明をすることである。

その話の「前」にあらかじめ説明しておくと，そもそも聴衆は疑問を抱かずにすむ。たとえば，「塩味の牛タン定食と味噌味の牛タン定食で効果に違いはなかった」と言いたいとする。この情報をいきなり示すと聴衆はどういう疑問を抱くのか。おそらく，「塩味と味噌味があるのか？」と思うことであろう。ならば前もって，この2種類の味付けがあることを説明しておくことである。そうすれば聴衆は，余計な疑問を抱かずに発表に集中することができる。

その話の「すぐ後」に説明するとはつまり，聴衆が待っている情報を与えるということである。聴衆は発表を聴きながら，「次はこういう情報が来る」と，無意識にせよ待つものである。たとえば序論において，ベガルタ仙台が強い理由として，「牛タン定食のおかげで走力向上」という着眼を述べたとする。これに対し聴衆は，「なんで牛タン定食なのか」という疑問を抱き，着眼理由の説明を待つ。だから続いて，「牛タンは良質なタンパク質」「選手はよく食べている」という情報を与える必要がある。同様に，考察において，「ヨーロッパには，牛タンシチューをよく食べるチームがある」と述べたとしよう。それに対し聴衆は，「そのチームは強いのか？」と思い，それに関する情報を待つ。聴衆が待つ情報はむろん，発表が進むにつれて次々と変化していく。発表の最初から最後まで，聴衆が待っている情報を与え続けること。そうすれば，引っかかりのない流れるような発表にすることができる。

3.1.4 同じ説明を繰り返さない

同じ説明を繰り返すことは，話の流れを停滞させるだけである。聴衆は，一度納得すればそれで十分なのだ。たとえば，牛タン定食に着眼する理由として，以下のような説明をしたとする。

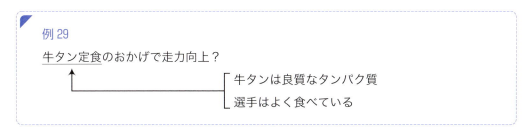

例 29
牛タン定食のおかげで走力向上？
　　　　　　　　　　　　　牛タンは良質なタンパク質
　　　　　　　　　　　　　選手はよく食べている

これでもう，聴衆は着眼理由を納得する。以降は，牛タン定食の意義を受け入れた状態で発表を聴く。だから，この説明をまた聴かされると，「もうわかっている」「話を先に進めて」といらついてしまうのだ。

まとめの部分で，同じ説明を繰り返すこと（必要最小限の範囲で）はかまわない。まとめとは「それまでの話をまとめるもの」なのだから，同じことが出てきて当然である。

3.2 聴衆の理解の流れに沿った順番で情報を与える

示すべき情報を決めたら，それを話す順番を決める。順番とは，口頭発表においては話す順番そのままのことである。ポスター発表においては，ポスターを前にしての「口頭での説明の順番」のことである。説明する情報を，ポスターのどこに書くのかということではない。口頭で説明する順番どおりにポスターにも書く（上から下とか）とは限らないので注意してほしい（6.2節参照；p.137）。

情報を与える順番に関して，とくに心がけて欲しいことが4つある（**要点12-2**；p.83）。以下で，それぞれについて説明しよう。

3.2.1 研究方法の説明を終えてから，結果の説明をする

複数の実験・調査等を行った研究では，方法と結果の説明の順番に関して4つのやり方が可能である。たとえば，方法A, B, Cを用いて，それぞれから結果A, B, Cを得たとする。

方法を先に説明
1. 方法A → 方法B → 方法C → 結果A → 結果B → 結果C
2. 方法の概要 → 方法A → 方法B → 方法C → 結果A → 結果B → 結果C

方法の概要を説明し，「方法 → 結果」
3. 方法の概要 → 方法A → 結果A → 方法B → 結果B → 方法C → 結果C

「方法 → 結果」の繰り返し
4. 方法A → 結果A → 方法B → 結果B → 方法C → 結果C

1と2は，方法を先にまとめて説明してしまうやり方である。3は，まずもって研究方法の概要（方法A, B, Cの概要）を説明し，引き続き，「方法 → その結果」という順番で説明するやり方である。4は，方法を説明したらそのつど，それから得られた結果を説明するやり方である。

私は，説明順①，②，③を推奨する。なぜならば，研究方法を説明する目的は，「概要を説明して，研究目的に答えるものになっていると納得してもらうこと」（第2部5.1節参照；p.57）だからである。そのためにはまずもって，研究方法のすべてまたはその概要を説明することだ。そうすれば聴衆は，それら一連のことを調べれば，研究目的に答えることができると納得することができる。

　説明順①②③のどれを取るべきなのかは方法の複雑さによる。単純ならば説明順①で十分である。単純なのに，概要を前もって説明してはくどくなるだけだ。実験・調査の項目が多かったり，個々の方法の説明が込み入ったりしている場合は説明順②または③がよいであろう。

　説明順④の利点は，他の情報を挟まずに，結果の説明をすぐに聴けることである。たとえば，方法 A の説明に続いて結果 A を聴くことができるので，方法の詳細を忘れずにすむ。しかし，全体の中での位置づけがわからないままに結果 A を聴かされると，聴衆は，話がどう進むのかと不安に思うものである。たしかに説明順①②の場合には，結果の説明が後回しになるという弱点がある。しかし，結果を説明するときに，研究方法を呼び起こす記憶の手がかりを与えれば問題はない。そのためにこそ，研究方法の説明で用いた見出しと同じものを結果の説明で示すのである（第2部6.1節参照；p.61）。説明順③の場合には，結果の説明が後回しになるという弱点はない。

　説明順④の発展形として，方法を説明せずに結果のみを説明している発表（「結果 A → 結果 B → 結果 C」というように）をたまに見かける。方法は単純なので，説明するまでもないからのようだ。しかしこれでは，研究方法の全体像がまったく伝わらない。研究方法がいかに単純であっても，その説明を省いてはいけない。

3.2.2 結果の説明を終えてから結論を述べる

　結果と結論も，説明の順番に関して2つのやり方が可能である。

> **結論が最後**
> ①　結果 A → 結果 B → 結果 C → 考察 → 結論
>
> **結論が先**
> ②　結論 → 結果 A → 結果 B → 結果 C → 考察

①は，結果の説明をすべて終えてから結論を述べるやり方である。「根拠 → 結論」という，自然な流れに沿ったものだ。これに対して②は，結果の説明に先立って結論を述べてしまうやり方である。「○○という結論を示します」と述べることで，結果を示す狙いを明示してしまおうというわけだ。そうすれば，「何のためにその結果を示すのか」と聴衆がいらつくことはないという意図である。

私は原則として，説明順①を推奨する。その理由は3つある。第1に，「結果を示す狙い」は，序論・研究方法をきちんと述べれば聴衆に伝わることだからである。この説明があれば，聴衆は，「△△という問題に答えるため」という，「結果を示す狙い」を理解できるのだ。第2に，説明順②では，結果を示さずにいきなり結論を示しているからである。これはかなり乱暴なことだ。聴衆は，結果を吟味して，結論の妥当性を検討しようと思っている。いきなり結論だけを言われても，その妥当性を検討しようがない。第3に，結論という「余計な情報」を作業記憶（2.1.1項参照；p.79）に保持しつつ，結果の吟味をすることになるからである。結論を示した段階では，聴衆はまだその結論に納得していない。納得するために結果を聴くことになるので，結論を常に反芻しながらとなる。そのため結果の吟味に集中しにくくなる。説明順①ならば，結論を保持しなくてすむため，結果の吟味に集中することができる。

　説明順②は奇をてらったやり方であり，普通は使うべきではない。結論がよほど人目を惹く場合などに限るべきであろう。強烈な結論を冒頭で出して聴衆の目を覚まさせることは，たしかに1つのやり方ではある。

　ただし，考察の冒頭で結論を述べてしまうことは有効である。

> 結果A → 結果B → 結果C → 結論 → 考察

これならば，結果を踏まえて結論を検討することができる。結論を受けての考察も受け入れやすい。

3.2.3　論理的なつながりを意識する

　論理的なつながりを意識して，情報を与える順番を決めることも心がけよう。並列的な情報（結果A，B，Cといったような）をいくつか示す場合も，漫然と順番を決めてはいけない。たとえばベガルタ仙台の研究で，以下の3つのことを話すとする。

> ① 牛タン定食を食べた回数と，選手の走力および試合成績との関係。
> ② ベガルタ仙台の選手が牛タン定食を絶った場合の，試合の成績への影響。
> ③ FCバルセロナ・レアルマドリードの選手が牛タン定食を食べ始めた場合の，試合の成績への影響。

この場合，①②③の順番で話すのが最も自然である。つまり，「牛タン定食の効果がありそう（結果①）なので，ベガルタ仙台への影響を実験的に調べてみた（結果②）。この実験を補強するために，他のチームでも実験してみた（結果③）」という流れならば，聴衆は違和感なく話を聴いてくれる。これが，たとえば③を先頭に持ってくると，ちょっと唐突な印象を与えてしまう。そして，「どうしてこの順番なのか」と，聴衆に無用

なことを考えさせてしまう。これでは，あなたの話に集中させないようにしているだけである。

3.2.4 重要なことから示す

重要なことから示すことも，守って欲しい原則である。並列的な情報で，かつ，各情報間に論理的なつながりがない場合は，重要性を元に順番を決めるのだ。

たとえば，牛タン定食（図2；p.25）の効果を詳しく分析したところ，1) 牛タンそのものの栄養価が高いこと，2) 付け合わせの漬け物があることで，栄養のバランスが取れていること，3) テールスープが食を進めることの順番で重要であることがわかったとする。この結果をどのように並べて書くとわかりやすいのか。

> **重要なものから述べる**
> - 1番目に重要なのは，牛タンそのものの栄養価が高いことである。
> - 2番目に重要なのは，付け合わせの漬け物があることで，栄養のバランスが取れていることである。
> - 3番目に重要なのは，テールスープが食を進めることである。

> **重要でないものから述べる**
> - 3番目に重要なのは，テールスープが食を進めることである。
> - 2番目に重要なのは，付け合わせの漬け物があることで，栄養のバランスが取れていることである。
> - 1番目に重要なのは，牛タンそのものの栄養価が高いことである。

多くの人は，重要なものから並べる方がわかりやすいと感じたと思う。

聴衆が探しているのは重要な情報である。そして，重要な情報ほど深く頭に刻み込みたいと思っている。だから，重要なものを後にとっておくようなことをしてはいけない。先に入ってくる情報ほど印象深く受け止めやすいのだから，重要な情報が先である。

3.3 直感的な説明を心がける

難しい概念・理論・結果等を説明することもあるであろう。しかし，難しいことを難しいままに説明しようとしてはいけない。学会発表は，その場で聴いて理解してもらうものなのだ。聴衆がどんなに優秀で熱心であっても，未知の情報に対する理解には限度がある。だから，「要はどういうことなのか」「直感的には何を意味しているのか」とい

う説明も心がけよう。そして，その概念・理論・結果を直感的に理解してもらう。

たとえば，微分の説明をするとしよう。

$$f'(x) = \lim_{h \to 0} \frac{f(x+h) - f(x)}{h}$$

といった数学的な説明が「難しい説明（厳密な説明）」である。これに対し，「x がほんの少し増えると $f(x)$ がどれくらい増えるのかを表す」といった説明が「直感的な説明」である。さてここで，微分は新概念であり，聴衆は微分のことをあまり知らないとする。つまり，微分の説明が必要である状況を考える。この場合，直感的な説明は必ず行うようにしよう。そして，「要はどういうことなのか」を理解してもらう。難しい説明も必要かどうかは場合による。微分の説明自体が重要な場合（微分そのものを研究対象とした発表とか）には絶対に必要である。そうではなく，ただの道具として使うなどの場合は必ずしも必要ではないであろう。

学会発表においては，直感的な説明の方が大切であることが多い。直感的にいかに理解してもらうかが，プレゼンの腕の見せどころの1つと思って欲しい。

第4章
ポスター・スライドに共通する プレゼン技術

話す内容が定まったら，それをポスター・スライドにしていく。本章では，ポスター・スライドに共通するプレゼン技術（**要点13**）を紹介する。それぞれに特化したプレゼン技術は第6〜9章（p.135〜）で紹介する。わかりやすい図表（含む模式図）の作り方の説明も，本章ではなく第5章（p.119）でまとめて行う。

要点13
ポスター・スライドに共通するプレゼン技術

1. 何についての情報なのかを明示する
   - ◇ 見出しを付ける
2. 全体像を示してから細部を説明する
3. 文章での説明を避ける
   - ◇ 情報を視覚的に理解できるようにする
4. 情報保持の負担を減らす
   - ◇ 言葉を覚えさせない
     - ・短い言葉はそのまま使う
     - ・長い言葉は，中身を要約した言葉に置き換える
   - ◇ 同じ言葉を使い続ける
5. 情報を読み取りやすくする
   - ◇ 見出し・重要事項を強調文字にする
   - ◇ 見て欲しい部分を示す
   - ◇ 色を使って情報を対応づける
6. 見やすくする
   - ◇ 大きな文字で
   - ◇ ゴシック体で
   - ◇ 背景とのコントラストを明確に
7. 色覚多様性に配慮する
8. 説明なしでわかるようにする

4.1 何についての情報なのかを明示する

発表は，多数のさまざまな情報で構成されている。それぞれが何についての情報なのかを明示するようにしよう。そうすれば聴衆は，その情報を理解しやすくなる。

そのためには要は，見出しを付けることである。見出しには以下の2種類がある。

> 目次的な見出し：「序論」「研究方法」「結果」「考察」など
> 個別情報を表す見出し：「牛タン定食を食べた回数と試合成績の関係」「牛タン定食を食べるかどうかが試合成績に与える影響」など

どの情報も，両方を見出しとして持つはずである。そして，各情報について両方とも示すようにしよう。ただし口頭発表では，目次的な見出しは省略してよいこともある（本節の後ろから2つめの段落参照；p.93）。

気をつけて欲しいのは，個別情報を表す見出しを必ず書くということである。以下はありがちな例だ。

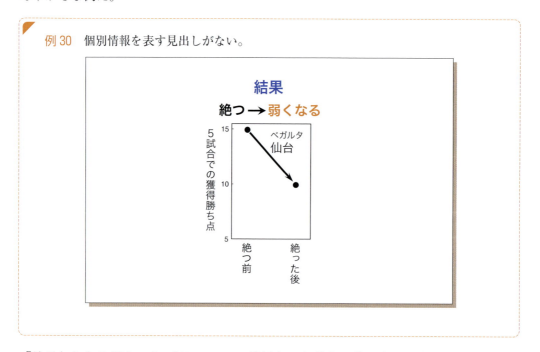

例30　個別情報を表す見出しがない。

「結果」とあるだけでは，何についての結果なのか聴衆が読み取らなくてはいけない。

> **例 30 の改善例** 個別情報を表す見出し「牛タン定食を絶つことが試合成績に与える影響」がある。
>
>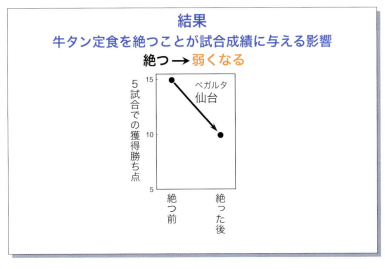

このように個別情報を表す見出しがあれば，何についての結果なのかすぐにわかるであろう。

結果の説明に関して，第 2 部 6.1 節（p.61）で述べたことを改めて注意しておく。「各結果から言えることの要約」を見出しがわりに使ってはいけない（例 19 の改悪例 2；p.64）。これは，何に関するデータなのかを示したものではないからだ。聴衆は，何に関するデータなのかを知った上で，データの意味することを読み取ろうとする。だから必ず，例 19（p.62）のように，「何に関するデータなのか」を，個別情報を表す見出しとして書くようにしよう。

口頭発表の場合は，目次的な見出しを省略可能な場合もある。「序論」という見出しは省略してよい。序論から始まるに決まっているので，無くても理解できるからである。研究方法・結果・考察の各部分で複数のスライドを示す場合は，各部分の冒頭で，「研究方法」「結果」「考察」という見出しを示したスライドを出せばよい（折り込みスライド参照）。以降のスライドでは，これらの見出しをいちいち書いておかなくてもよい。

ポスター発表の場合は，「序論」という見出しも含め，該当部分の左上に各目次見出しを書くようにしよう（折り込みポスター参照）。1 枚のポスターの中で，その部分が何に当たるのかを明確にしておく必要があるからである（6.2.5 項参照；p.141）。

4.2 全体像を示してから細部を説明する

　これから伝える情報の全体像を前もって示すことも効果的だ。それに続いて詳細を説明する。全体像があれば，要はこういうことだと理解した上で話を聴くことができるからだ。たとえば，「牛タン定食を食べるかどうかが試合成績に及ぼす影響」の実験の詳細を説明するとする。全体像を示さない説明だとどうなるか。

> **例31**　全体像を示していない。
>
> **牛タン定食を食べるかどうかが試合成績に与える影響**
> ◇ 2027年に、2つの操作実験を行った
> ◇ ベガルタ仙台の選手に牛タン定食を絶ってもらった
> ◇ スペインリーグのFCバルセロナとレアルマドリードの選手に牛タン定食を食べ始めてもらった
> ◇ FCバルセロナとレアルマドリードの選手が食べる頻度は、ベガルタ仙台の選手の平均頻度と同じにした
> ◇ 3チームの選手とも、牛タン定食以外の食事は同じものにしてもらった
> ◇ 実験の前後で、対戦相手の実力が同じになるようにした
> ◇ それぞれで、獲得勝ち点を比較した

必要な情報は全部書いてある。しかし，いらいらする説明である。いきなり細部の説明をされても困るのだ。

> **例31の改善例**　始めに全体像を示している。
>
> **牛タン定食を食べるかどうかが試合成績に与える影響**
> ◇ 2027年に、2つの操作実験を行った
> ー それぞれで、獲得勝ち点を比較 ー
>
> ┌─────────────────────────────┐
> │ ベガルタ仙台の選手が牛タン定食を絶つ　　　　　　　　│
> │ 　　絶つ直前の5試合 ⟷ 絶って1ヶ月経過後の5試合 │
> │ 　　　　　　　　　　　　　　　　　　　　　　　　│
> │ スペインリーグのFCバルセロナとレアルマドリードの選手が│
> │ 牛タン定食を食べ始める　　　　　　　　　　　　　│
> │ 　食べ始める直前の5試合 ⟷ 食べ始めて1ヶ月経過後の5試合│
> └─────────────────────────────┘
>
> ● 実験の前後で、対戦相手の実力が同じになるようにした
> ● 3チームの選手とも、牛タン定食以外の食事は同じものにしてもらった
> ● FCバルセロナとレアルマドリードの選手が食べる頻度は、ベガルタ仙台の選手の平均頻度と同じにした

これならば，実験の詳細を理解しやすいであろう。全体像（概要）を理解した上で，その詳細の説明を聴くことができるからだ。

4.3 文章での説明を避け，絵的な説明にする

学会発表では，文章での説明を避けることが鉄則である。ポスターやスライドに文章を書き連ねて，それを読ませてはいけない。文章を読解するという努力を聴衆に強いることになるからだ。学術的な文章の読解というものは，何度も読み直したり，書き込んだり線を引いたりできる状況下で行うものである。しかし学会はそのような場ではない。文章を見ただけで聴衆は，その発表を理解する意欲を減退させてしまうと心得て欲しい。

たとえば，ベガルタ仙台の研究の序論が，以下のような文章であったとしよう。

> **例 32** 文章で説明。
>
> **序論**
> ベガルタ仙台は強い。どの試合でも走り勝っている。その強さの秘密は何なのか？それを解明できれば，ベガルタ仙台の継続的強化に適用できるであろう。ベガルタ仙台の選手は牛タン定食が好きで，よく食べているらしい。牛タンは良質なタンパク質である。牛タン定食のおかげで，選手の走力が向上しているのかもしれない。本研究では，牛タン定食を食べているからベガルタ仙台は強いという仮説を検証する。

これでは，言いたいことを聴衆自身が読み取らなくてはいけない。

できるだけ絵的な説明にし，情報を視覚的に理解できるようにしよう。たとえば以下のようにである。

> **例 32 の改善例** 絵的に示している。
>
> **研究目的**
> なぜ，ベガルタ仙台は強いのか？
> 牛タン定食を食べているからという仮説を検証
>
> **背景**
> ベガルタ仙台は強い。どの試合でも走り勝っている
> 強さの秘密を解明できれば，ベガルタ仙台の継続的強化に適用できる
> 牛タン定食のおかげで走力向上？
> 　　　　牛タンは良質なタンパク質
> 　　　　　　　　　　選手はよく食べている

> ＊この例では，研究目的を背景の前に出している。これはポスターのスタイルである。スライドの場合は，背景を説明してから研究目的を述べるという順番になる。

これならば，情報を読み取る努力が最小ですむであろう。

4.3.1 絵的な説明にするためのコツ

情報を視覚的に理解できるよう絵的な説明にするためには，以下を行うことである。

> 1 情報を最小単位に分割する
> 2 最小単位を役割ごとに分ける
> 3 各情報間の論理的関係を明示する
> 4 言葉をできるだけ短くする

それぞれについて具体的に説明していく。

情報を最小単位に分割する

まずは，情報を最小単位に分割しよう。たとえば，例32の文章例を最小単位に分割してみる。

> 1 ベガルタ仙台は強い。どの試合でも走り勝っている。
> 2 その強さの秘密は何なのか？
> 3 それを解明できれば，ベガルタ仙台の継続的強化に適用できるであろう。
> 4 ベガルタ仙台の選手は牛タン定食が好きで，よく食べているらしい。
> 5 牛タンは良質なタンパク質である。
> 6 牛タン定食のおかげで，選手の走力が向上しているのかもしれない。
> 7 本研究では，牛タン定食を食べているからベガルタ仙台は強いという仮説を検証する。
> （＊説明の都合上番号を付けた。）

1は2つの文からなるけれど，これで最小単位としてよい内容である。

情報の最小単位を役割ごとに分ける

最小単位の情報は，それぞれに何らかの役割を担っている。役割ごとに分けて，それぞれの役割を表す見出しを付けよう。そうすれば，各最小単位の役割を理解しやすくなる。たとえば上述の例は，以下のように分けることができる（上述との対応を示すため，番号はそのままにしてある）。

> 研究目的
> 2 (ベガルタ仙台の) その強さの秘密は何なのか？
> 7 本研究では，牛タン定食を食べているからベガルタ仙台は強いという仮説を検証する。
>
> 背景
> 1 ベガルタ仙台は強い。どの試合でも走り勝っている。
> 3 それ（強さの秘密）を解明できれば，ベガルタ仙台の継続的強化に適用できるであろう。
> 4 ベガルタ仙台の選手は牛タン定食が好きで，よく食べているらしい。
> 5 牛タンは良質なタンパク質である。
> 6 牛タン定食のおかげで，選手の走力が向上しているのかもしれない。

こうするだけでも，この序論の論理をぐっと理解しやすくなったであろう。

情報間の論理的関係を明示する

情報と情報の間の論理的な関係を明示しよう。最小単位間の関係や，最小単位のまとまり同士の間の関係を視覚的につかみやすくするのである。

たとえば，上記4～6は以下のような論理的関係にある。

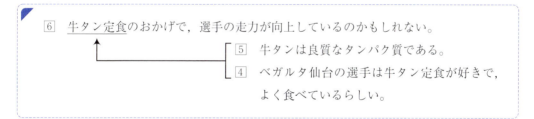

論理的関係をこのように明示すれば，聴衆に，読み取りの余計な労力をかけずにすむ。

論理的な関係を明示することは，結果の説明や結論を導く論理の説明においてとくに重要である。たとえば，牛タン定食の効果に関して以下の3つがわかったとする。

> ・牛タン定食を食べた年ほど試合の成績が良かった。
> ・牛タン定食を食べた年ほど持久的走力（長距離走）が良かった。
> ・牛タン定食を食べた年ほど瞬発的走力（短距離走）が良かった。

これを以下のようにまとめれば，聴衆はその論理的関係を理解しやすくなる。

> **例 33**
>
> ＊結果をまとめる場合
>
> 牛タン定食を食べた年ほど ⟶ [持久的/瞬発的] 走力向上
> 　　　　　　　　　　　　　　　試合成績が良い
>
> ＊考察も加える場合（「走力向上」と「試合成績が良い」の矢印は推察）
>
> 牛タン定食を食べた年ほど ⟶ [持久的/瞬発的] 走力向上 ⟶ 試合成績が良い

言葉をできるだけ短くする

　説明に使う言葉もできるだけ短くしよう。その方が読み取りが楽だからである。たとえば，「牛タン定食のおかげで，選手の走力が向上しているのかもしれない」よりも，「牛タン定食のおかげで走力向上？」の方が短くて読み取りやすい。わかりやすさを損なわない範囲で，最短の言葉を選ぶようにしよう。

　このようにして，例 32 の改善例（p.95）のようなものに仕上げていけばよい。

4.4　情報保持の負担を減らす

　わかりやすい発表にするためには，個々の情報の保持の負担を減らすことである（2.1.1 項参照；p.79）。本節では，保持の負担を減らすために守るべきこと（要点 13-4；p.91）を紹介する。

4.4.1　言葉を覚えさせない

　新たな言葉を定義して，それを説明に使いたいと思うこともあるだろう。ある概念や言葉を，短い言葉に置き換えるわけである。この場合はまず，置き換えが本当に必要かどうかを考えて欲しい。置き換える場合は，それが表していることをうまく要約した言葉にする。決して，覚えておかないとわからない言葉で定義してはいけない。具体的には，以下の2つのことを守るようにしよう。

短い言葉はそのまま使う

　そもそも短い言葉（名称等）を略号に置き換えている発表を見かける。しかしそんな置き換えは害悪でしかない。たとえば，初出時に以下のような略号を定義する。

ベガルタ仙台　VS
FC バルセロナ　BR
レアルマドリード　RM

そして以降の説明では略号だけを示す。

例34　略号を使って説明。

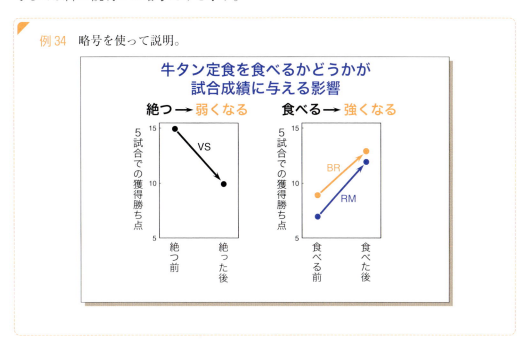

初出時に，略号を覚えてもらったつもりである。しかし，一度提示されたくらいで覚えてしまう聴衆などそうそういない。聴衆は，「"VS" だから，えっと ……… "Vegalta" ということで，"ベガルタ仙台"」と，余計な思考を強いられながら聴くことになるのだ。略号に記憶の手がかりがほとんどない場合は，思い出すことも困難になる。だから，略号など使わずに，短い言葉はそのまま使えばよいのだ。

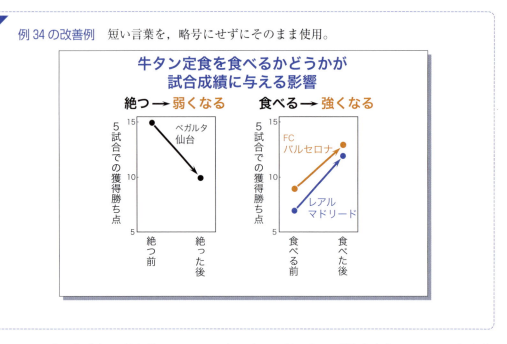

例34の改善例　短い言葉を，略号にせずにそのまま使用。

　これならば，余計な思考を強いられることはない（ただし，「仙台」「バルセロナ」などというように，すぐにわかる範囲内でもっと短くするのはかまわない）。
　こうした置き換えをしてしまうのは，スペースを節約したいと思うためである。図や表に書き込むには，略号の方が短くて便利というわけだ。しかし，そもそも短い言葉をさらに短くしてどれほどの効果があるのか。聴衆に伝わってこその図表である。図や表においても，略号に省略せずに，その言葉をそのまま使うことを心がけよう。

長い言葉は，中身を要約した言葉に置き換える

　長い言葉を短い言葉に置き換えることは有効である。何らかの概念等を表す言葉を定義して，以降の説明ではその言葉を使う場合などだ。この場合も，略号を絶対に使ってはいけない。中身をうまく要約した言葉を使うようにしよう。たとえば，牛タン定食を食べるかどうかが試合成績に与える影響を調べるために，ベガルタ仙台の選手が牛タン定食を絶つ実験をしたとする。そしてその結果を以下のように数値化したとする。

　牛タン定食を絶つ直前5試合での獲得勝ち点 − 絶って1ヶ月経過後の5試合での獲得勝ち点

この引き算の値が大きいほど牛タン定食の効果が大きい。これを，「EGP」などと定義してはいけない（Effects of gyutan on points から）。「EGP は平均気温が高い年ほど大」などと言われても，聴衆にはほとんど伝わらない。くどいようだが，「EGP の説明はしたから大丈夫」などというのは通用しない。中身をすぐには連想できない言葉は，聴衆

の負担になるだけである。とはいっても、「牛タン定食を絶つ直前5試合での獲得勝ち点から、絶って1ヶ月経過後の5試合での獲得勝ち点を引いた値は、平均気温が高い年ほど大」もわかりにくい。「牛タン定食の試合成績貢献度」といった定義なら、計算式の意味の要約もできている。「牛タン定食の試合成績貢献度は平均気温が高い年ほど大」ならばわかりやすいであろう。

ただし、図の軸の説明においては、

> 牛タン定食の試合成績貢献度（勝ち点差：食べた5試合 − 絶った5試合）

というように元々の言葉（または若干簡略化したもの）を括弧書きで添えて、聴衆の理解を助けることも大切である（5.5節参照；p. 128）。

4.4.2　同じ言葉を使い続ける

ある既知の情報を指すときには、一貫して同じ言葉を使い続けるようにしよう。一度定義した言葉は一貫して使い続ける。たとえば、「牛タン定食の試合成績貢献度」と定義したのならこの言葉で通す。そして、

> 牛タン定食の試合成績貢献度は平均気温が高い年ほど大。

などと説明する。これがもしも、以下のような文だったらどうなるか。

> 牛タン定食の勝利貢献度は平均気温が高い年ほど大。

「牛タン定食の勝利貢献度」が何なのかに引っかかり、理解が滞ってしまったであろう。このように、言葉を微妙に変えるのは聴衆を混乱させるだけである。定義したわけではない言葉も、意識して同じ言葉を使う。たとえば、「ベガルタ仙台」を指して、あるときは「ベガルタ」と言ってみたり、別のときには「仙台」と言ってみたりしてはいけない。

4.5　情報を読み取りやすくする

情報を読み取りやすくすることも大切である。そのために守るべきこと（要点 13-5；p. 91）を説明する。

4.5.1 見出し・重要事項を強調文字にする

見出しと重要事項を強調文字にして，聴衆の目が行きやすいようにしよう。以下で，それぞれについて説明する。

見出しを強調文字にする

見出しは必ず強調文字にする。見出しは，どこに何が書いてあるのかを示すものである。強調されていれば，情報を読み取りやすくなるのだ。

強調のために以下を行う。

> ☐ 太字にする
> ☐ 上位の見出しほど大きな文字にする
> ☐ 必要に応じて目立つ色にする

見出しはすべて太字にする。見出しに階層構造がある場合は，上位のものほど文字を大きくする。文字色は，見出し以外の部分と同じでもよいが，色を変えることでより目立たせてもよい。

見出しが強調されていないとどうなるか。例を見てみよう。

例 35 見出しが強調されていない。

調査・実験方法
牛タン定食を食べた回数と、選手の走力および試合成績との関係
◇ 2019-2027年のデータを用いて以下の関係を解析

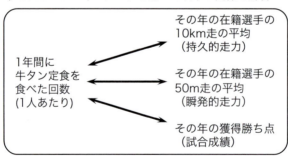

牛タン定食を食べるかどうかが試合成績に与える影響
◇ 2027年に、2つの操作実験を行った
― それぞれで、獲得勝ち点を比較 ―

> ベガルタ仙台の選手が牛タン定食を絶つ
>   絶つ直前の5試合 ⟵⟶ 絶って1ヶ月経過後の5試合
>
> スペインリーグのFCバルセロナとレアルマドリードの選手が
> 牛タン定食を食べ始める
>   食べ始める直前の5試合 ⟵⟶ 食べ始めて1ヶ月経過後の5試合

これだと，何についての情報なのか，その読み取りがしにくいであろう。

例 35 の改善例　見出しが強調されている。

調査・実験方法
牛タン定食を食べた回数と、選手の走力および試合成績との関係
◇ 2019-2027年のデータを用いて以下の関係を解析

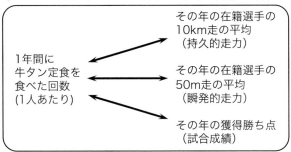

牛タン定食を食べるかどうかが試合成績に与える影響
◇ 2027年に、2つの操作実験を行った
－ それぞれで、獲得勝ち点を比較 －

ベガルタ仙台の選手が牛タン定食を絶つ
　　　絶つ直前の5試合 ⟷ 絶って1ヶ月経過後の5試合

スペインリーグのFCバルセロナとレアルマドリードの選手が
牛タン定食を食べ始める
　　　食べ始める直前の5試合 ⟷ 食べ始めて1ヶ月経過後の5試合

これならば，情報の読み取りが楽なはずである。

重要事項を強調文字にする

　見出し以外でも，重要事項は強調文字にする。そうすれば，重要事項が自然と目に入ってくる。

　強調のために以下を行う。

重要事項
□ 全体を，太字で目立つ色にする
　あるいは，全体を太字にしつつ，とくに重要な部分のみを目立つ色にする
□ とくに強調したい場合は大きな文字にする

やや重要な事項
□ 普通の太さ大きさの目立つ色にする

重要事項は，太字と目立つ色を併用して強調しよう。とくに強調したい場合は文字も大きくするとよい。太さも色も変えずに大きな文字にするだけというのは勧めない。太字・目立つ色の方がぱっとわかりやすいからである。やや重要な事項は，色だけを目立つものにする。

　例を見てみよう。まずは，重要事項が強調されていない例である。

例 36　重要事項「牛タン定食は走力を向上させる」が強調されていない。

牛タン定食と走力の関係

牛タン定食は走力を向上させる
↑
牛タン定食を食べた年ほど
◇ 長距離走(10km)の記録が良かった
◇ 短距離走(50m)の記録が良かった

「牛タン定食は走力を向上させる」が重要事項である。しかしこれではぱっと目に入ってこない。

> 例36（p.104）の改善例1　重要事項「牛タン定食は走力を向上させる」全体を，太字の目立つ色にしている。
>
> **牛タン定食と走力の関係**
> 牛タン定食は走力を向上させる
>
> **牛タン定食を食べた年ほど**
> ◇ 長距離走(10km)の記録が良かった
> ◇ 短距離走(50m)の記録が良かった

これならばわかりやすいであろう。あるいは，「走力を向上」という最も大切な部分のみを目立つ色にして，ここをとくに強調するのもよい。

> 例36（p.104）の改善例2　重要事項「牛タン定食は走力を向上させる」全体を太字にしつつ，「走力を向上」だけを目立つ色にしている。
>
>

一方，文字を大きくしただけのものは目立ちにくい。

> **例 36（p.104）の，あまり良くない改善例 1**　重要事項「牛タン定食は走力を向上させる」の文字を大きくしただけ。
>
> **牛タン定食と走力の関係**
> 牛タン定食は走力を向上させる
> ↑
> **牛タン定食を食べた年ほど**
> ◇ 長距離走(10km)の記録が良かった
> ◇ 短距離走(50m)の記録が良かった

極端に大きくするのなら別であろうが，太字・目立つ色の方が確実である。太字にしないまま色だけ変えるのも勧めない。

> **例 36（p.104）の，あまり良くない改善例 2**　重要事項「牛タン定食は走力を向上させる」を，太字にはせずに目立つ色にしている。
>
> **牛タン定食と走力の関係**
> 牛タン定食は走力を向上させる
> ↑
> **牛タン定食を食べた年ほど**
> ◇ 長距離走(10km)の記録が良かった
> ◇ 短距離走(50m)の記録が良かった

字が細いと，重要項目の目立ち度が落ちるであろう。同様に，目立つ色をまったく用いずに太字にするだけというのも勧めない。

> 例36（p.104）の，あまり良くない改善例3　重要事項「牛タン定食は走力を向上させる」を，目立つ色をまったく用いずに太字にしている。
>
> **牛タン定食と走力の関係**
> **牛タン定食は走力を向上させる**
> ↑
> **牛タン定食を食べた年ほど**
> ◇ 長距離走(10km)の記録が良かった
> ◇ 短距離走(50m)の記録が良かった

これもまた，重要事項の目立ち度がやや劣るだろう。

一方，重要ではあるのだけれどその度合いは劣る事項は，太字にはせずに色だけを変えると効果的である。例を見てみよう。

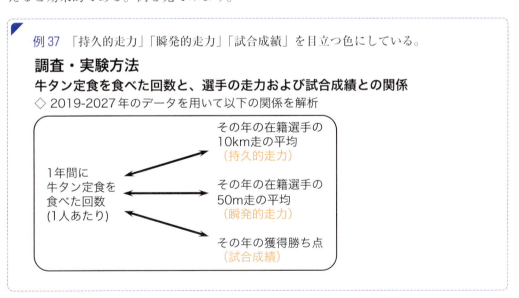

> 例37　「持久的走力」「瞬発的走力」「試合成績」を目立つ色にしている。

実験の狙いをキーワードとしてまとめた部分を目立つ色にしてみた。これにより，実験の狙いを捉えやすくなっているであろう。しかし，結果が出ている部分ではないのでその重要度は劣る。なので，字も太くすることは勧めない。

例37（p.107）の改悪例　「持久的走力」「瞬発的走力」「試合成績」を太字の目立つ色にしている。

調査・実験方法
牛タン定食を食べた回数と、選手の走力および試合成績との関係
◇ 2019-2027年のデータを用いて以下の関係を解析

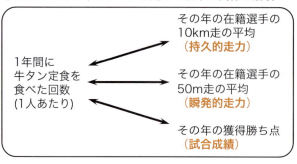

より重要な部分（例36改善例1の「牛タン定食は走力を向上させる」など；p.105）と同じ強調度にしてしまうと，重要度の濃淡がなくなって，情報がかえって伝わりにくくなると思う。

4.5.2　見て欲しい部分を示す

　重要事項というほどではないけれど，ここを見て欲しいという部分もある。たとえば序論で，「牛タン定食のおかげで走力向上？」という着眼点を示したとする。すると聴衆は，牛タン定食に着眼する理由が気になる。着眼点そのものの方が重要なのであるが，着眼理由も見て欲しい部分である。こうした部分を枠で囲うなどして，聴衆の目が行きやすいようにしよう。

「牛タンは良質なタンパク質」「選手はよく食べている」が着眼理由である。枠で囲ってあると自然と目が行くであろう。着眼理由を，枠に囲う等をせずに示すとどうなるか。

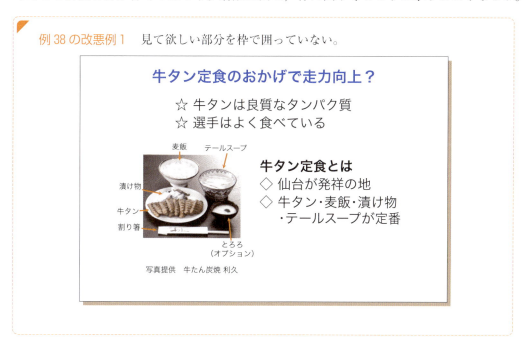

着眼理由が周りに埋もれてしまい，見るべき部分であることに気づくのが遅れるであろう。一方，強調しすぎるとかえって違和感を感じる。

例38（p.109）の改悪例2　見て欲しい部分を強調しすぎている。

これだと，着眼点（牛タン定食のおかげで走力向上）と同等以上に重要に見えかねない。ともかくも，何でもかんでも強調文字にするのではなく，枠で囲うといった手法も覚えておいて欲しい。

4.5.3　色を使って情報を対応づける

　同じ情報を同じ色にするなどして，情報を対応づけることも効果的である。たとえば，牛タン定食の効果を，シーズン前期と後期とに分けて調べたとする（疲れの溜まる後期の方が効果が高いという着眼）。その場合，「前期」という文字と前期のデータ，「後期」という文字と後期のデータをそれぞれ同じ色で示すとよい。そうすれば，聴衆は読み取りが楽になる。

例39　情報を対応づけている。

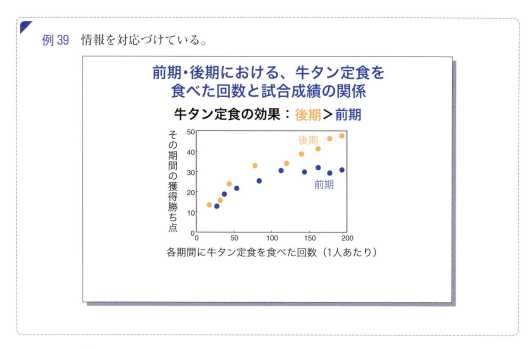

結果の要約「牛タン定食の効果：後期＞前期」のところで色づけをしているので，図中の点との対応づけがしやすいであろう。これを同じ色にしてしまうと，読み取りに少し手間取ってしまう。

例39の改悪例　情報の対応づけがない。

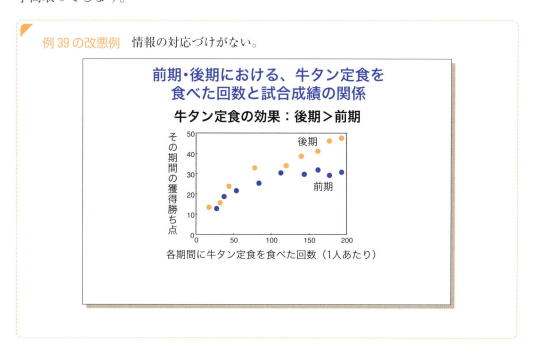

4.6 見やすくする

　ポスター・スライドは，聴衆に見せるためにあるものである。ポスター・スライドのすぐ側に立っているあなたが見るためではない。だから，聴衆の位置から見やすいポスター・スライドを作らなくてはいけない。見にくいと，せっかくの発表が伝わらずに終わってしまう可能性があるのだ。具体的には以下のこと（**要点 13-6**；p.91）を心がけよう。

4.6.1　大きな文字で

　もっとも基本的なことは，文字を大きくすることである。ポスターならば，4〜5 m 離れたところから楽に見える大きさ，スライドならば，会場後方の壁際（壁際に立つ聴衆もいる）から楽に見える大きさにする。「楽に」とわざわざ書いたのは，聴衆によって視力はずいぶんと異なるからである。どんな人にも見やすくなるよう配慮しよう。「自分の目の悪さは学会有数」という自信がある人以外は，これで十分に思える大きさよりも一回り大きくしておこう。

　文字の大きさを決めるのには，ポスター・スライドを作って試してみることが一番である。ポスターを壁に貼って，4〜5 m 離れたところから見てみる。スライドを講義室で映して，後方の壁際から見てみる。そして，楽に見える大きさに決める。試すときは，何人かで見る方がよい。上述のように，視力は人によって違うからである。ちなみに私は，ポスターならば 45 ポイント，スライドならば 32 ポイントの文字を基本としている（演題・見出しの文字はもっと大きくしている）。

　一つ釘を刺しておく。載せる情報を増やそうとして，文字を小さくしてはいけない。見えてこその情報である。見にくい文字で詰め込む意味はない。ポスター・スライドのスペースが足りない場合は，情報を削ることを試みるべきだ。口頭発表の場合は，1 枚のスライドに詰め込まずに複数のスライドに分割することも考えよう（8.2.2 項参照；p.160）。

4.6.2　ゴシック体で

　フォントは，全ての部分において（見出しでも本文でも）ゴシック体を使うようにしよう。○○ゴシックという名称のフォントで，線の幅が均一なのが特徴である。明朝体（○○明朝という名称のフォント）はプレゼン向きではないので使わない。線の幅が部位によって異なるため，文字が目立ちにくいのだ。

例 40　明朝体（ヒラギノ明朝）を使っている。

ヒラギノ明朝は，明朝体の中では見やすい方ではある。それでもやはり，ゴシック体の方がくっきりとしていて良いであろう。

例 40 の改善例　ゴシック体（ヒラギノ角ゴシック）を使っている。

4.6.3　背景とのコントラストを明確に

　文字と背景とのコントラストを明確にして，文字を見やすくすることも忘れてはいけない。基本は，白（薄い色）の背景に黒（濃い色）の文字，または，濃い色の背景に白

（薄い色）の文字である。強調したい文字は色を変えるけれど，背景とのコントラストを保つように気をつけよう。

　色遣いでは，見やすさを最優先させるべきである。それを忘れて，絵画的に綺麗な色遣いに走ってはいけない。あなたが行おうとしているのは学術なのだ。情報をわかりやすく伝えることだけを考えればよい。たしかに，綺麗であるに越したことはない。しかし，いくら綺麗に作っても，「綺麗だな」と思われるだけである。聴衆はすぐに，中身の吟味に移ってしまうのだ。

　極悪な例は，写真や絵を背景にしたポスター・スライドである。

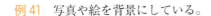
例41　写真や絵を背景にしている。

こうしたものは，わざわざ文字を見にくくしているとしか思えない。袋文字にすれば少しは読みやすくなるが，それとて，改善例には劣るであろう。

> **例 41（p.114）の改善例**　写真や絵を背景にしていない。
>
>
>
> **酒井あん**
> キャバリア・キングチャールズ・スパニエル
>
> 性格：凶暴かつ臆病
> 特徴：うるさい
> 特技：クラウチングスタート
> 　　　1.「位置について」で伏せる
> 　　　2.「ヨーイ」でお尻をあげる
> 　　　3.「どん」で，おやつに突進する

写真や絵を示した説明は有効である。その場合は改善例のようにして，背景として使わないようにしよう。

4.7　色覚多様性に配慮する

　いわゆる色覚異常の方への配慮も忘れてはいけない。日本人の場合，男性の約5％・女性の約0.2％が先天性の色覚異常である（日本眼科学会ウェブページより）。聴衆の中に必ずいると考えるべき数字だ。文字や記号などの色を変える場合は，誰にでも区別がつきやすいものにしよう。図7を参考にして色の組合せを決めて欲しい。

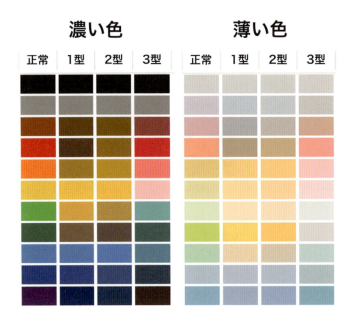

図7 **色覚多様性**。濃い色と薄い色に分けて示す。濃い色を文字色とし，白（この図には入っていない）または薄い色を背景色とするか，その逆の使い方とする。カラーユニバーサルデザイン支援ツール UDing CFUD ver. 2.0（東洋インキ）を用いて作成。1型：赤を感じにくい，2型：緑を感じにくい，3型：青を感じにくい。3つの中では1型・2型の人がとくに多い。

実はあまり推奨しないのであるが，色だけを変えるのではなく，記号等の形（●◇■▲など）や模様（塗りつぶし・斜線など）も変えるという方法もある。

例42 色の違いと，記号等の形や模様の違いとを組み合わせている。

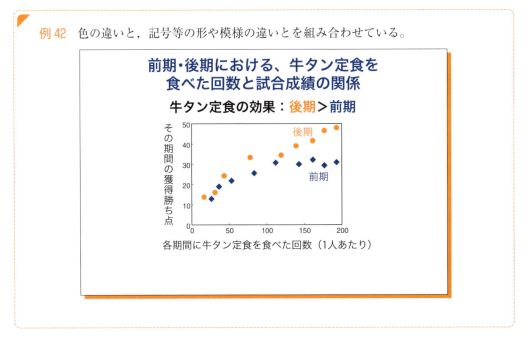

これならば，似ていそうな色もより確実に区別できる。棒グラフなどの場合は，塗りつ

ぶしの棒と斜線の棒などと色を組み合わせたりする。

しかし，この方法を使うかどうかは好みによるであろう。色・形・模様など複数の属性での違いは本来，各記号が表している情報の違いを構造的に示すためのものだからである。たとえば，1つの対象に4種類の処理を行った場合は「●●○●」などと表し，2つの対象それぞれに2種類の処理を行った場合は「●◆●◆」などと表す。そのため，情報の違い以上に記号が違いすぎると違和感を抱いてしまう。例42だと，記号の色も形も違うことが，前期・後期以外の違いもあるように感じさせてしまう。単なる違和感ではあるが，無用な違和感を抱かせないこともプレゼンの道だ。

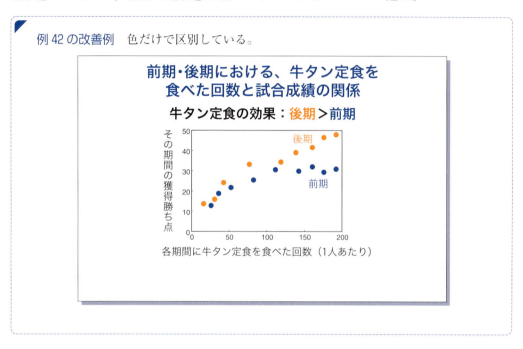

例42の改善例　色だけで区別している。

色だけで区別できるのなら改善例で十分である。あるいは，色を変える必要がなく（情報の対応付けの必要がない；4.5.3項参照；p.110），形や模様を変えるだけでこと足りるならそれで十分である。色・形・模様を組み合わせて変える手法は，記号の種類が多いなどの理由で似た色を使わざるを得ない場合や，上述の「●◆●◆」のように，記号が表す情報構造がわかりやすくなるときに用いればよいと思う。

4.8 説明なしでわかるようにする

ポスターにせよ口頭にせよ学会発表の鉄則は，説明を聴かなくても，そのポスター・スライドを見ただけで発表内容がわかるようにすることである。ポスター発表の場合，発表者がいないときにも聴衆はやってくる。だから当然，見ただけでわかるようにしておかなくてはいけない。口頭発表の場合は，発表者の説明なしに聴くことはありえない。

しかしそれでも，見ただけでわかるスライドにしておかなくてはいけない。なぜならば聴衆は，自分のペースで勝手に理解を進めるものだからだ。聴衆にとっては，スライドが「主」，発表者の説明が「従」である。聴衆は，あなたの説明に聴き入るのではなく，スライドに見入るのだ。だから，大切なことを口頭だけで説明すると，聴衆が聞き漏らす可能性がある。スライドに，大切なことはすべて書いておかなくてはいけない。

　むろん，口頭で話すことをそのままポスターやスライドに書けということではない。それでは原稿になってしまう。しかし，発表内容を理解するために必要な情報は「すべて」書いておくべきである。

第 5 章
図表の提示の仕方

本章では，図表（含む模式図）の提示の仕方を説明する。わかりやすい図表にするために心がけるべきことを要点 14 にまとめた。以下では，この要点に沿って説明していく。

なお，本章での説明は，学会発表に使う図表の作り方に特化している。論文で使うものを含め，図表の作り方全般に関する説明は，『これから論文を書く若者のために：究極の大改訂版』（共立出版）を参照して欲しい。

要点 14

図表の提示の仕方

1. 見える大きさの図表にする
2. 論文の図表をそのまま使わない
   ◇ 図表中の文字を大きくする
   ◇ ゴシック体にする
   ◇ 必要に応じて，記号や文字に色をつける
   ◇ 略号を使わない
   ◇ 発表で使う言語にする
3. できるだけ，表ではなく図で示す
   ◇ 数値の比較が目的の場合は必ず図にする
   ◇ 表で示してよい情報
      ・比較が目的ではない数値情報（実験個体数・実験条件など）
      ・択一的な情報（「＋」か「－」か，「有」か「無」かなど）
      ・正確な数値を伝えたい情報
4. 図のタイトルと軸の説明を区別し，両方とも書く
5. その説明を読めばわかる軸にする
6. 記号のすぐそばに，その説明を書く
7. 図表のすぐそば（上か横）に，その解釈を書く

5.1 見える大きさの図表にする

まずもって心がけて欲しいのが，遠くからでも見える大きさの図表にするということ

である。口頭発表では，会場の一番後ろから見る聴衆もいる。ポスター発表では，4～5 m離れた所から見る聴衆もいる。そうした聴衆が，図中の線や記号等・図の軸の説明文・表中の文字を楽に読み取れるようにしないといけない。

ところが，遠くから見えるかどうかを気にしていないようなポスター・スライドをたまに見かける。

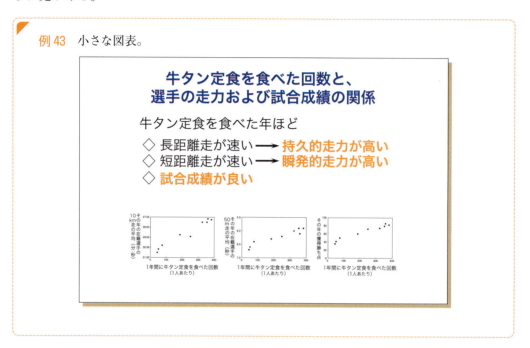

例43 小さな図表。

こんな小さな図では見えやしない。細かな文字を書き込んだ表を出すのなども論外である。見えてこその図表だ。存分にスペースを使って大きな図表にしよう。

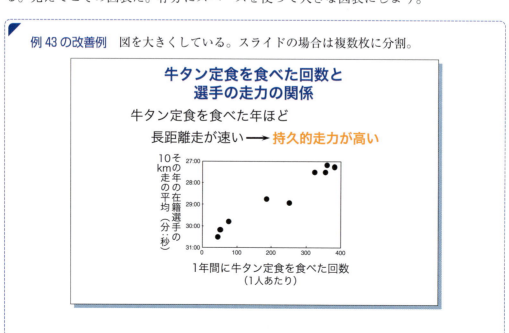

例43の改善例 図を大きくしている。スライドの場合は複数枚に分割。

スライドならば，例43（p.120）の3枚の図を1枚ずつのスライドに載せる。ポスターならば，3枚の図を単純にもっと大きくすればよいのだ（図を縦に並べるなどの工夫は必要かもしれない）。

5.2　論文の図表をそのまま使わない

投稿論文・博士論文・修士論文・卒業論文の内容を学会発表する場合は，論文の図表をそのまま使わないことが原則である。机に座ってじっくりと読むために書かれた図表と，その場で聴いて理解するための図表とでは，提示の仕方が違ってしかるべきなのだ。本節では，論文の図表をポスター・スライドに載せる上で心がけて欲しいこと（**要点14-2**；p.119）を説明する。

図表中の文字を大きくする

論文の図表を学会発表で使う場合には，文字を大きくするのが原則である。論文の図表は手元で見るので，そこそこの大きさの文字ならば楽に読むことができる。

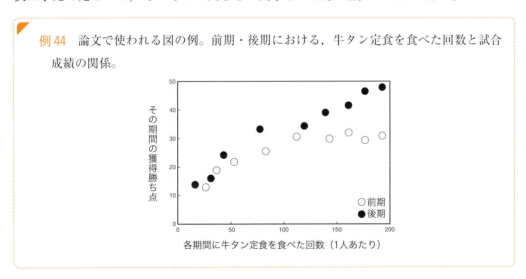

例44　論文で使われる図の例。前期・後期における，牛タン定食を食べた回数と試合成績の関係。

これに対して学会発表では，遠くから見る聴衆もいる。論文の図をそのまま貼り付ける，あるいは単純に拡大して貼り付けると，文字が読み取りにくいものになりかねない。文字の大きさを確認して，遠くからでも楽に読める大きさにしておこう（例44の改善例は後で提示する）。

ゴシック体にする

フォントをゴシック体にすることも忘れてはいけない（4.6.2項参照；p.112）。日本語の論文の場合，図のフォントはゴシック体であることがほとんどだが，表のフォント

は明朝体である。発表では，表のフォントもゴシック体にするようにしよう。

必要に応じて，記号や文字に色をつける

情報を対応づける必要がある（4.5.3項参照；p.110）場合は，文字・記号に色を付ける。

略号を使わない

論文の図表では略号を使うことも許される。略号の説明が書かれている部分を何度でも確認できるからだ。しかし学会発表ではそれは不可能である。略号は必ず，読めばわかる言葉に置き換えるようにしよう（4.4.1項参照；p.98）。

発表で使う言語にする

英語の論文の場合，図表も当然英語で書かれている。日本語での学会発表ならば，図表中の文（図の軸の説明や表中の言葉など）を日本語に書き換えよう。英語での発表ならば英語のままでよい。日本語の論文の図表を英語で発表するのなら英語に書き換える。図表中の言語が，ポスター・スライドの他の部分の言語および話す言語と異なるのは不自然である。

このようにして，例44（p.121）を以下のように書き直す。

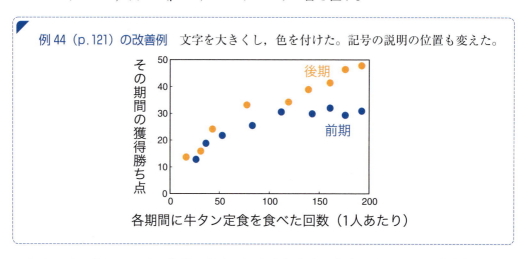

例44（p.121）の改善例　文字を大きくし，色を付けた。記号の説明の位置も変えた。

気をつけて欲しいのは，他者の論文の図表を紹介する場合である。そのまま提示すると，何とも見にくい図表になりかねない。可能な限り，本節での説明に従って**他者の論文の図表も描き直す**ようにして欲しい。そして，「○○（20XX）を改変」（○○は引用元の著者名）と添える。

5.3　できるだけ，表ではなく図で示す

論文ならば表で示す情報も，学会発表では図で示すことも考えて欲しい。以下で詳しく説明する。

5.3.1　数値の比較が目的の場合は必ず図にする

大鉄則は，数値の比較が目的の場合は必ず，表ではなく図で提示することである。なぜならば，図は，視覚的に情報を読み取ることができるからである。これに対して表は，そこに書き込まれている数値を読んで情報を読み取る。文章の読解に近く，ちょっとした労力を強いられてしまう。

例で見てみよう。牛タン定食・寿司・牡蠣定食のそれぞれが好きな選手を全Jリーグクラブから無作為に選び出し，10 km 走および 50 m 走の記録を比較したとする。その結果を表で示すと例45のようになる。

> **例 45**　走力の違いを表で示している。
>
> **それぞれの食事が好きな選手の走力**（平均 ± 標準偏差）
>
> | 好きな食事 | 10 km 走（分:秒） | 50 m 走（秒） |
> |---|---|---|
> | 牛タン定食 | 27:30 ± 2:10 a | 5.9 ± 0.40 a |
> | 寿司 | 28:12 ± 2:42 a | 6.6 ± 0.45 b |
> | 牡蠣定食 | 31:45 ± 2:16 b | 7.0 ± 0.42 b |
>
> 同じ文字を添えられた平均値の間に有意な差はない

これでは，数値の大小関係を聴衆に判断させることになってしまう。図で示せば，大小関係を読み取りやすいであろう。

例45（p.123）の改善例　走力の違いを図で示している。

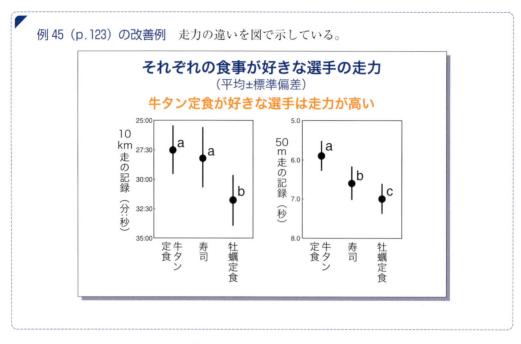

　相関係数や回帰係数などを計算し，影響の強さを示したい場合も同様である。たとえば，牛タン定食を食べる回数・寿司を食べる回数・牡蠣定食を食べる回数が試合成績にどのように影響するのかを解析したとする。これを表で示すと，回帰係数の大小を聴衆に判断させることになる。

例46　影響の違いを表で提示した例。標準回帰係数の値が正ならば正の影響，負ならば負の影響がある。絶対値が大きいほどその影響は大きい。あくまでも例なので，具体的にどういう計算をしたのかは気にしないで欲しい。

3種類の食事が獲得勝ち点に及ぼす影響	
	標準回帰係数
牛タン定食	+0.39*
寿司	+0.16*
牡蠣定食	−0.23*

*$p<0.01$ で有意

改善例のように，矢印の太さで標準回帰係数の大小を示せば，聴衆は情報を読み取りやすくなる。

例46の改善例　影響の違いを図で示している。

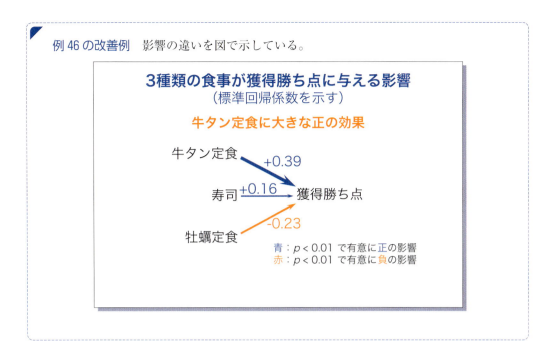

5.3.2　表で示してよい情報

ただし，何でもかんでも図にせよというわけではない。表の方が良い場合は表で示せばよい。以下で，表で示して良い情報を説明する。

比較が目的ではない数値情報

比較が目的というわけではない数値情報は表で示せばよい。基本情報として提示しておく必要はあるけれど，数値を積極的に比較して欲しいわけではない場合などだ。実験個体数や実験条件をまとめて示す場合などがそうである。たとえば，走力のデータ（例45；p.123）を取った選手の基本情報を示す場合は，例47のように示せばよい。

例47　比較が目的というわけではない数値情報は表で示す。

好きな食事	記録測定した選手数	平均身長 (cm)	平均体重 (kg)
牛タン定食	26	183.5 ± 6.1	81.6 ± 3.6
寿司	31	181.4 ± 5.6	80.5 ± 4.1
牡蠣定食	19	182.9 ± 5.9	82.0 ± 4.5

走力のデータを取った選手の基本情報

これを図にしてしまうと，「数値の違いを読み取って下さい」というメッセージを聴衆

に与えることになってしまう。それではかえって，余計な労力を強いることになる。

択一的な情報

択一的な情報（「＋」か「－」か，「有」か「無」かなど）は表で示せばよい。こうした情報では，数値間の大小関係を読み取る必要がないからである。たとえば，牛タン定食・寿司・牡蠣定食を食べることが，ベガルタ仙台・FCバルセロナ・レアルマドリードの試合成績に与える影響（正か負か無相関か）をまとめとして示すとする。その場合は，例48のように提示するとよい。

例48　択一的な情報は表で示す。

3種類の食事が，各チームの獲得勝ち点に及ぼす影響

	ベガルタ仙台	FCバルセロナ	レアルマドリード
牛タン定食	＋	＋	＋
寿司	＋	＋	0
牡蠣定食	－	0	－

＋：正の影響，－：負の影響，0：影響なし

これを無理して図（例46（p.125）の改善例の図のようなものを各チームについて描くとか）にしても，視覚的な捉えやすさは大して向上しないであろう。むしろ表の方が，一括した比較をしやすい。

正確な数値を伝えたい情報

正確な数値を伝えたい情報は表で示すしかない。図では読み取りにくいからである。

5.4　図のタイトルと軸の説明を区別し，両方とも書く

図のタイトル（結果の見出し）と軸（縦軸）の説明を一緒くたにしてはいけない。両者をきちっと分けて，両方とも書くようにしよう（第2部6.1節も参照；p.61）。たとえばこのようにである。

> **例 49** 図のタイトルと軸の説明の両方を書いている。

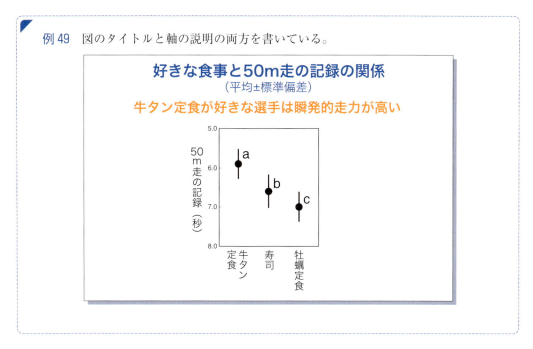

「好きな食事と 50 m 走の記録の関係」が図のタイトルであり、どういうデータなのかを示すものである。軸のところに「50 m 走の記録」という説明もあるので、図の読み取りも楽にできる。

ところが、こうした説明ができていない発表が多いのだ。ありがちなのが、タイトル代わりに軸の説明を書いてすませているものである。

> **例 49 の改悪例 1** タイトルの代わりに縦軸の説明を書いている。

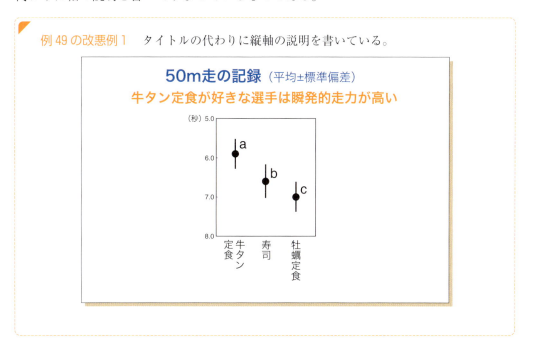

この図では、タイトルとおぼしき場所に「50 m 走の記録」と書いてある。しかしこれ

はタイトルではない。軸の説明である。そして，軸の所に軸の説明がない。これでは，どういうデータなのか正しく伝わらない。次のようなものも駄目である。

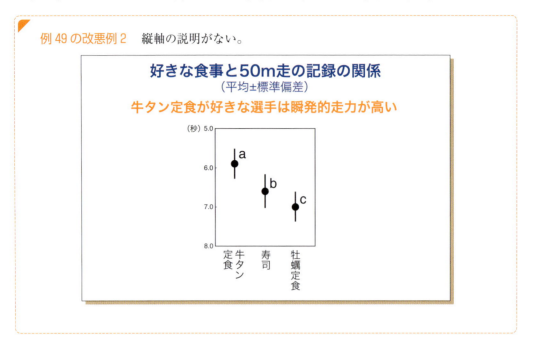

例49の改悪例2　縦軸の説明がない。

タイトルはちゃんと書いてあるけれど軸の説明がない。タイトルが軸も説明しているということなのだろう。しかしこれでは，軸は何なのかと聴衆は少し戸惑ってしまう。「50 m走の記録」という軸の説明もちゃんと書いておけば，こんな戸惑いを起こさずにすむ。

5.5　その説明を読めばわかる軸にする

　その説明を読むだけで何の軸なのかがすぐにわかるようにしよう。意味を考え込ませたり，記憶を探らせたりしてはいけない。

　短い言葉が軸に出てくる場合（4.4.1項も参照；p.98）は，略さずにそのまま使えばよい。絶対に，略号を使ってはいけない。「ベガルタ仙台」を「VS」などと略し，軸に「VS」とだけ書いてすますなど論外である。

　長い言葉が軸に出てくる場合（4.4.1項も参照；p.98）は，軸の説明の仕方が2通りある。たとえば，「牛タン定食を絶つ直前5試合での獲得勝ち点−絶って1ヶ月経過後の5試合での獲得勝ち点」という引き算を計算し，これを，「牛タン定食の試合成績貢献度」と定義したとする。これを軸に使う場合は以下のどちらかにしよう。

> 1 定義した言葉を示し，元の言葉（またはそれを若干簡略化したもの）も括弧書きで添える。
> 2 定義した言葉のみを示す。

例50　示し方1：縦軸に，定義した言葉と元の言葉を示している。

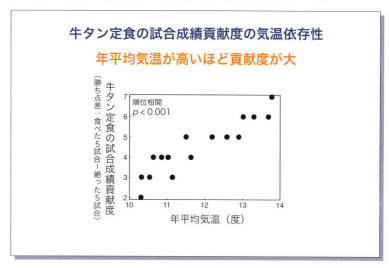

例51　示し方2：縦軸に，定義した言葉のみを示している。

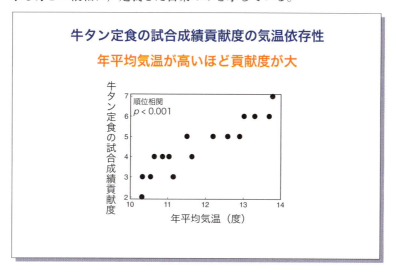

スペース的に可能ならば示し方1を勧める。なぜならば，図を見ながら，「どういう計算をしたデータだっけ？」と思う聴衆もいるからである。だから，データの意味を具体的に説明してある方が親切である。スペース的に無理な場合は示し方2でよい。

5.6 記号のすぐそばに，その説明を書く

まず初めに，当たり前のことを注意しておく。記号や，棒グラフの棒等の説明を必ず書くこと。口頭で説明するからと，書くのをはしょってはいけない。記号等の説明を必ず書いて，見ただけでわかるようにしておくことが鉄則である。

記号や，棒グラフの棒等の説明は，その記号・棒のすぐそばに書くようにしよう。そうすれば聴衆は，説明を視野に捉えつつデータの読み取りを行うことができる。説明を覚えておく必要がないので，データに集中することができる。

例を見てみよう。ありがちなのがこのような図である。

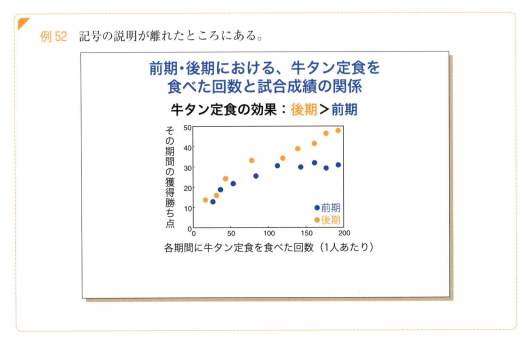

例52 記号の説明が離れたところにある。

「前期」「後期」という記号の説明が，記号から離れたところにある。これだと，説明を見て「前期」「後期」を覚えておいて，データに視線を移すことになる。データを見ているうちにどちらがどちらかを忘れてしまい，説明に視線を戻したりする。そのため聴衆は，小さないらいらを感じてしまう。記号のすぐそばに説明を書いておけば，このようないらいらはなくなる。

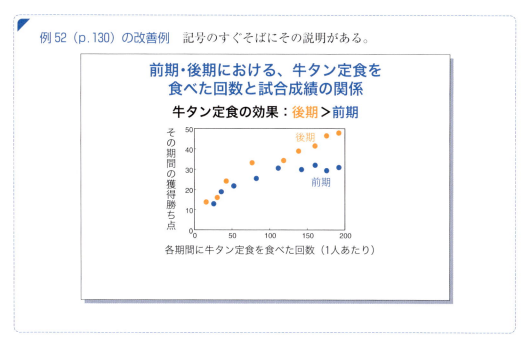

例52（p.130）の改善例　記号のすぐそばにその説明がある。

　記号等の説明は必ずどこかに書くのだ。ならば，記号のすぐそばに書けばよいではないか。わざわざ離れたところに書いて，聴衆にいらいらを感じさせてはいけない。

5.7　図表のすぐそばに，その解釈を書く

　研究結果を図表として示す場合は，その図表から何が言えるのかをひと言で要約する必要がある（第2部6.1節参照；p.61）。こうした図表の解釈も，図表のすぐそばに書くようにしよう。そうすればやはり，図表とその解釈の間の視線移動をなくすことができる。

　例を見てみよう。選手1人あたりが1年間に牛タン定食を食べた回数が，選手の走力と試合成績にどのように関係しているのかを調べたとする。その結果と解釈をこのように示したとする。

例53　図の解釈が離れたところにある。

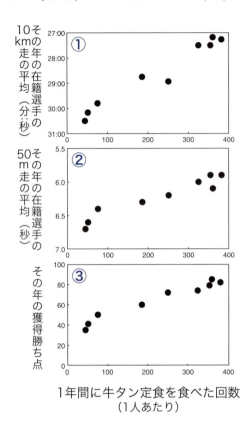

牛タン定食を食べた年ほど
◇ 長距離走が速い　➡　**持久的走力が高い**
◇ 短距離走が速い　➡　**瞬発的走力が高い**
◇ **試合成績が良い**

図から離れたところにその解釈が書いてある。これだと，1つの図を見たら，その解釈はどこにあるのかと探さなくてはいけない。解釈の妥当性を吟味するために図に戻ろうとすると，視線をまた大きく動かすことになる。図表と解釈が離れていると，聴衆は，こういう視線移動を何度も繰り返すことになる。

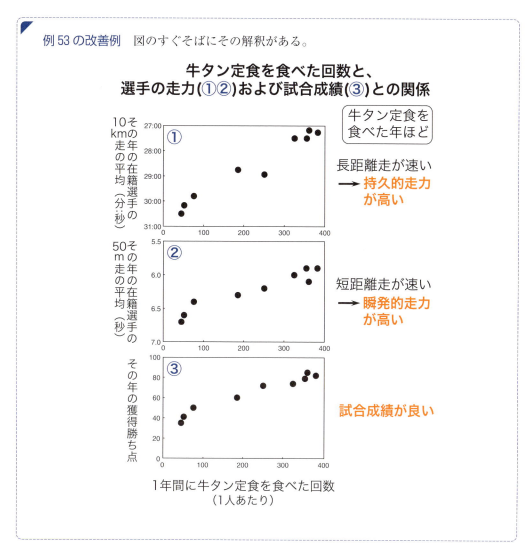

改善例のように，それぞれの解釈を図のすぐそばに書けば，聴衆は，解釈を探して視線を動かす必要がなくなる。図と見比べての，解釈の妥当性の吟味もしやすくなる。

　解釈を書く位置は図表の上か横である。聴衆に訴えたいのは，図表そのものというより，その図表から言いたいことだ。だから，解釈を目立つ位置に書くべきである。図表の下に書くのは勧めない。

例 54　図の解釈「平均気温が高いほど貢献度が大」が下に書いてある。

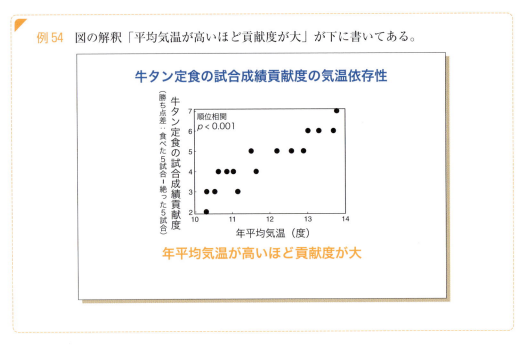

添え物のような感じで，さほど重要な情報ではないように感じてしまう。スライドの場合は，前の聴衆の頭に隠れて見えにくくなる可能性もある。

例 54 の改善例　図の解釈「平均気温が高いほど貢献度が大」が上に書いてある。

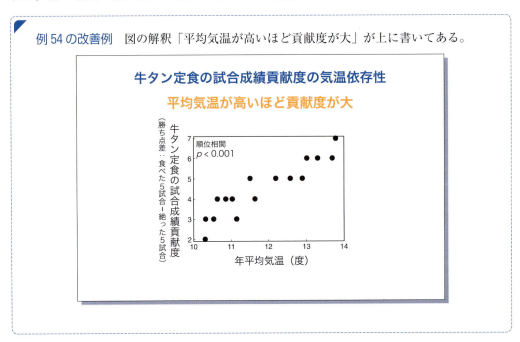

改善例のように上に書いてあれば，重要な情報として目に入りやすいであろう。

第6章 ポスターの作り方

本章では，ポスターの作り方を説明する。良いポスターにするためにはどうしたらよいのか。ベガルタ仙台に関する研究のポスター（**折り込みポスター**）を例に説明していこう。

要点 15
わかりやすいポスターの作り方

ポスターに求められること
- ◇ すっきりしている
- ◇ 拾い読みしやすい

すっきりとしていて，拾い読みをしやすいポスターにするコツ
（要点 12～14（p.83，91，119）に加えて心がけるべきこと）
1. 5～10分で説明できる内容に絞る
2. まとめ（結論を含め）を上部に書く
3. 主張を先に示し，それに続けてその根拠・理由を示す
4. 2段組みを基本にする
5. 情報の領域を明確にする
6. 読む順番がわかるようにする
7. 番号等を使って情報間の対応をつける
8. 情報を省略しない

6.1 ポスターを作る前に

本節では，ポスターを作る前に知っておいて欲しいことを述べる。ポスターの大きさと視野の関係。聴衆は，どういう姿勢でポスターに臨むのか。わかりやすいポスターとはどういうものなのか。これらを知っておくことが，良いポスターを作るための出発点である。

6.1.1 ポスターの大きさと視野の関係

ポスターは大きい（横 80～100 cm × 縦 120～170 cm 程度；学会によって違う）。それ

を聴衆は，1m前後の距離から読む（さらっと見るときではなく，じっくり読むときの距離）。その大きさに比して近い距離から読むため，**ポスター全体を同時に視野に捉えることができない**のだ。たとえば，A0のポスター（84.1×118.9 cm）を1mの距離から見ることは，A4の紙（21.0×29.7 cm）を25 cmの距離から見ることに相当する。視野がかなり限定され，全体を眺めることが大変であろう（お試しあれ）。このように聴衆は，ポスター全体を一度に視野に捉えることができない状態にある。そのため，視線を大きく動かしながらポスターを読んでいくのだ。

だからあなたは，**聴衆の視線の動きに配慮したポスターを作る**必要がある。試作したポスターの出来を吟味するときには，A4に縮小印刷したものを40〜50 cmの距離から眺めたりしてはいけない。それでは，ポスター全体を楽に視野に捉えてしまい，ポスターを読む聴衆の視線の動きを実感できない。A4に縮刷したならば25 cmくらい離して見る。それが辛いならば，A3に縮刷して35 cmくらい離して見るようにしよう。

6.1.2　聴衆の基本的な姿勢

では聴衆は，どういう姿勢でポスターに臨むのか。ほとんどの聴衆は，**概要を知った上で，興味を抱いたらじっくりと読む**という姿勢である。いきなりポスターをじっくりと読もうとする聴衆は少ない。聴衆がまずは知りたいのはそのポスターの概要なのだ。そして，興味深いかどうかを判断する。じっくりと読もうと決めたら，時間をかけて全体を読んでいく。あなたは，聴衆のこうした姿勢に応えたポスターを作る必要がある。

6.1.3　わかりやすいポスターとは

では，わかりやすいポスターとはどういうものなのか。以下で説明しよう。

まずもって，聴衆が読む気になってくれることが大切である。そのためには，**すっきりしているポスターであること**が絶対条件だ。ポスターの場合，全情報がそこに一挙に示されている。スライドで少しずつ示される口頭発表とは対照的である。そのためにポスターは，ただでさえ情報過多に見えやすいのだ。聴衆は，図表がごちゃごちゃとたくさん載っているポスターを見ると読む気を失う。文章が長々と続いているポスターなど論外だ。情報を減らし，見た目にもすっきりとしたポスターにするように心がけよう。すっきりしていることはスライドでももちろん大切なのだが，ポスターではもっと過敏になって欲しい。

もう1つ大切なのは**拾い読みをしやすいこと**である。なぜならば聴衆は，拾い読みをして概要をつかもうとするからである。そのため，あなたのポスターに興味を抱いてもらうには，興味深いと「判断しやすくする」ことから始める必要がある。これがしにくいと，判断を放棄して去られてしまうかもしれない。判断してもらうために，拾い読みのしやすさが大切となる。

6.2 すっきりとしていて，拾い読みをしやすいポスターにするコツ

ではどうすれば，すっきりとしたポスター，拾い読みをしやすいポスターを作ることができるのか。そのためには，第3部第3～5章（p.83, 91, 119）で説明したことを心がけることだ。しかしそれだけでは不十分である。ポスター特有のコツというものがあるのだ。それを**要点15**（p.135）にまとめたので，以下で説明していこう。

6.2.1　5～10分で説明できる内容に絞る

すっきりしたポスターにするためには，内容を絞ることがまずは重要である（内容の絞り方は3.1節を参照；p.83）。だいたい5～10分くらいで説明できる内容に絞ろう（学会によって少々の違いはあるだろうが）。むろんこの5～10分というのは，あなた自身による説明の時間のことで，聴衆との質疑応答の時間は含まない。

ときどき，20～30分くらいかけて説明している人を見かける。口頭発表（10分前後）よりも長いなんてありえないことである。なぜならば，ポスターに載せることができる情報量は，スライド10枚前後がせいぜいだからだ（A0のポスターを2段組みに作るとすると，スライドに換算して，1列に5枚程度の情報を載せることになる）。これは，通常の口頭発表よりもかなり少ない枚数である。

内容を絞るべき理由は他にも2つある。第1に，聴衆にとって，説明にやたら時間がかかるのは迷惑なことだからである。時間を取られる分だけ，他のポスターを見る時間が減ってしまうのだ。説明のペースが遅いことに気づいた聴衆は，早く終わってくれと思いながら我慢して聴くことになる。第2に，1回の説明の時間が長いと，ポスター発表の時間中にこなせる説明回数が少なくなってしまうからである。そのため，あなたの説明を聴くことができる聴衆の総数も少なくなってしまう。これは，あなたにとっても損なことである。

6.2.2　まとめ（結論を含め）を上部に書く

ポスターでは必ずまとめを示そう。結論と，それを支える根拠（重要な結果）がすぐにわかるようにまとめておくのである。そうすれば聴衆は，その発表の重要な主張をすぐに掴むことができる。

まとめは，ポスターの上部，すなわち序論の右横に書く（折り込みポスター参照）。話の流れのままに書くと1番下に来るはずのものを，あえて上部に書く。そうする理由は，聴衆が1番知りたいのはまとめ（結論を含め）だからである。上部ならば聴衆の目に入りやすい。聴衆は，演題（ポスターの1番上に書いてある）を見ながらポスター会場を歩き，興味を惹くポスターを探すからだ。つまり，ポスター上部に視線が行っている。まとめが演題のすぐ下に書いてあれば，聴衆は楽に見つけ出すことができる。そう

でなかったら，まとめをいちいち探さないといけない。そのために視線も大きく移動させないといけない。聴衆に無用な手間を強いてはいけない。それに，ポスターの周りに人がいると，ポスターの中下部は身体の陰に隠れてしまいやすい。上部ならばそうした心配はない。だから，まとめを1番下に書いてしまっては（**改悪例1**），大切な情報をわざわざ見えにくくするだけである。

　序論とまとめを上部に並べて書くことには，それらが要旨の役割を果たすという利点もある。序論とまとめを読めば，研究目的・背景・主要な結果・結論がわかるからである。聴衆は，演題から視線を下に移すだけで，ポスターの概要をつかむことができる。拾い読みがとても楽になる。

　まとめの部分は，枠線の色を変えたり太くしたりするなどして目立たせよう（折り込みポスター参照）。そうすれば，聴衆の目がより行きやすくなる。ポスター左下（折り込みポスターでは「調査・実験方法」の部分）を読んだ聴衆が，本文の続き（折り込みポスターでは「結果と考察」の部分）を読もうとポスター右上を見たとき，「まとめ」を本文の続きと思ってしまう可能性が減るという利点もある。

　まとめが上にあると，序論とまとめを読んだだけで聴衆が去ってしまうと心配するかもしれない。確かにそういう聴衆もいるであろう。しかしそれは，まとめの配置の問題ではない。他の部分を詳しく読むほどの興味を持たなかったからである。序論とまとめをまずは読みたいと思っている聴衆が，まとめが右下にある場合には，序論との間にある部分を真面目に読むはずがないではないか。まとめを探してそれを読み，興味を持たなかったら去っていくだけである。

6.2.3　主張を先に示し，それに続けてその根拠・理由を示す

　何らかの根拠・理由に基づいて何らかを主張する場合は，主張を先に示してしまうようにしよう。それに続けて，そう主張する根拠や理由を示す。たとえば，折り込みポスター左上の「序論」では，目的を先に示し，その下に，そのことを調べる理由（背景）を示している。ポスター右上の「まとめ」では，結論を上に書き，その下に根拠を並べている。聴衆の視線は上から下へと流れる。主張を先に示してしまうことにより，主張を見つけやすくするわけである。

　こうすべき理由はやはり，拾い読みをしやすくするためである。ポスターの前にやって来た聴衆は，要は何なのか（主張は何か）をまずは知りたいのだ。根拠・理由を吟味するのはその後でよい。これが**改悪例2**のようだと，研究目的・結論などに辿り着くのにちょっと手間取る。じっくり読む場合には改悪例の並びでも構わないのだが，素早く読み取りたい場合にはいらいらのもととなる。

なぜ、ベガルタ仙台は強いのか: 勝利を呼ぶ牛タン定食仮説の検証

酒井 聡樹（東北大・生命科学）e-mail:sakai@tohoku.ac.jp

序論

目的
なぜ、ベガルタ仙台は強いのか？
ー 牛タン定食を食べているからという仮説を検証 ー

背景
☆ ベガルタ仙台は強い。どの試合でも走り勝っている
☆ 強さの秘密がわかれば、継続的強化に適用できる
☆ 牛タン定食のおかげで走力向上？
　　　↑　選手はよく食べている
　　　　　牛タンは良質なタンパク質

牛タン定食とは

◇ 仙台が発祥の地
◇ 牛タン・麦飯・漬け物・テールスープが定番

写真提供　牛たん炭焼 利久

調査対象と方法

調査対象
ベガルタ仙台
◇ 仙台に本拠地を置くJリーグクラブ
◇ 2009年からJ1
◇ 2023-2027年にJ1を5連覇

調査・実験方法
1. 牛タン定食を食べた回数と、選手の走力(①②)および試合成績(③)との関係
◇ 2019-2027年のデータを用いて以下の関係を解析

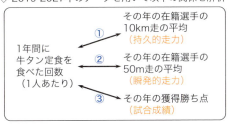

2. 牛タン定食を食べるかどうかが試合成績に与える影響
◇ 2027年に、2つの操作実験を行った
ー それぞれで、獲得勝ち点の合計を比較 ー

ベガルタ仙台の選手が**牛タン定食を絶つ**
絶つ直前の5試合　④　絶って1ヶ月経過後の5試合

スペインリーグのFCバルセロナとレアルマドリードの選手が**牛タン定食を食べ始める**
食べ始める直前の5試合　⑤　食べ始めて1ヶ月経過後の5試合

結果と考察

1. 牛タン定食を食べた回数と、選手の走力(①②)および試合成績(③)との関係

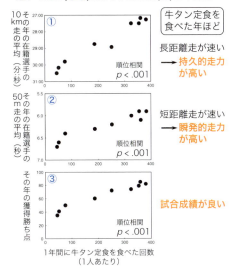

牛タン定食を食べた年ほど

長距離走が速い
→ 持久的走力が高い

短距離走が速い
→ 瞬発的走力が高い

試合成績が良い

2. 牛タン定食を食べるかどうかが試合成績に与える影響

絶つ → 弱くなる　　食べる → 強くなる

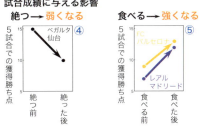

まとめ

結論
ベガルタ仙台が強いのは**牛タン定食**を食べているから
↑ なぜなら

☆ 食べた年ほど、走力(①②)・試合成績(③)が良かった
☆ 食べるのを止めたら弱くなった(④)
☆ 他チームが食べ始めたら強くなった(⑤)

継続的強化のために
☆ 牛タン定食を計画的に食べることが有効

折り込みポスターの改悪例1 まとめが下にある。そのため、まとめを見つけにくい。周りに人がいると、その陰に隠れてしまいやすい。序論とまとめが離れているので、要旨としても機能しにくい。

なぜ、ベガルタ仙台は強いのか：
勝利を呼ぶ牛タン定食仮説の検証

酒井 聡樹（東北大・生命科学）e-mail:sakai@tohoku.ac.jp

序論

背景
☆ ベガルタ仙台は強い。どの試合でも走り勝っている
☆ 強さの秘密がわかれば、継続的強化に適用できる
☆ 牛タン定食のおかげで走力向上？
　　→ 選手はよく食べている
　　　 牛タンは良質なタンパク質

牛タン定食とは

◇ 仙台が発祥の地
◇ 牛タン・麦飯・漬け物・テールスープが定番

写真提供　牛たん炭焼 利久

目的
なぜ、ベガルタ仙台は強いのか？
― 牛タン定食を食べているからという仮説を検証 ―

調査対象と方法

調査対象
ベガルタ仙台
◇ 仙台に本拠地を置くJリーグクラブ
◇ 2009年からJ1
◇ 2023-2027年にJ1を5連覇

調査・実験方法
1. 牛タン定食を食べた回数と、
   選手の走力(①②)および試合成績(③)との関係
◇ 2019-2027年のデータを用いて以下の関係を解析

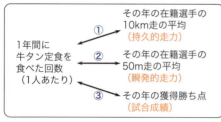

2. 牛タン定食を食べるかどうかが
   試合成績に与える影響
◇ 2027年に、2つの操作実験を行った
   ― それぞれで、獲得勝ち点の合計を比較 ―

ベガルタ仙台の選手が牛タン定食を絶つ
　絶つ直前の5試合 ←④→ 絶って1ヶ月経過後の5試合

スペインリーグのFCバルセロナとレアルマドリードの選手が牛タン定食を食べ始める
　食べ始める直前の5試合 ←⑤→ 食べ始めて1ヶ月経過後の5試合

まとめ

☆ 食べた年ほど、走力(①②)・試合成績(③)が良かった
☆ 食べるのを止めたら弱くなった(④)
☆ 他チームが食べ始めたら強くなった(⑤)

↓よって

結論
ベガルタ仙台が強いのは牛タン定食を食べているから

継続的強化のために
☆ 牛タン定食を計画的に食べることが有効

結果と考察

1. 牛タン定食を食べた回数と、
   選手の走力(①②)および試合成績(③)との関係

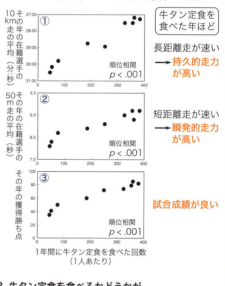

牛タン定食を食べた年ほど
長距離走が速い → 持久的走力が高い
短距離走が速い → 瞬発的走力が高い
試合成績が良い

順位相関 $p < .001$

2. 牛タン定食を食べるかどうかが
   試合成績に与える影響

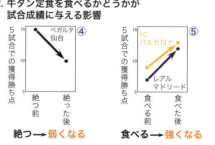

絶つ → 弱くなる　　食べる → 強くなる

折り込みポスターの改悪例2　主張を先に示していない。「序論」では，「背景」→「目的」の順に，「まとめ」では，「根拠」→「結論」の順になっている。「結果の2」の説明も，図の下に，その図を元にした主張（言えること）を書いている。そのため，主張に辿り着くのにちょっと手間取る。

6.2.4　2段組みを基本にする

ポスターが縦長の場合は2段組みで作るようにしよう（折り込みポスターのように）。横長の場合は3段組み・4段組みにする。これは，聴衆の視線の大きな移動を極力減らすためだ（図8）。

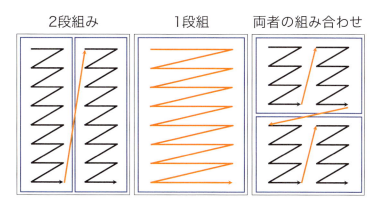

図8　段組と視線の関係　オレンジ線が，視線の大きな移動を強いられる部分。2段組ならば，大きな視線移動は1度ですむ。

2段組みならば，大きな視線移動は1度だけですむのだ。1段組だと，視線の大きな移動を何度も強いられることになる。たとえば，折り込みポスターを1段組にしてみる（**改悪例3**）。この図を，顔をぐっと近づけて（B6強の大きさなので15 cm位に）見てみよう。左から右へ，左へ戻ってまた右へと，視線を何度も大きく動かすことになり疲れるであろう。右端に行ったら，左端のどこに戻るのかもわかりづらい。2段組みと1段組みを組み合わせたような構成（**改悪例4**）も駄目である。改悪例では，「まとめ」「序論」「調査対象」「方法」「結果と考察」が1段組みの関係で並んでいる。それぞれの内部は2段組みである。実際の学会発表では，このような構成のものがけっこう多い。しかしこれとて，2段組みのものよりも大きな視線移動を強いられることになる（**図8**）。

学術分野や発表内容によっては1段組みの方がやりやすいかもしれない。そうした場合を除き，2段組みにすることが原則と心得よう。

6.2.5　情報の領域を明確にする

どこからどこまでがその情報の領域なのかを明確にしよう。たとえば折り込みポスターでは，線で囲って，「序論」「まとめ」「調査対象と方法」「結果と考察」の各領域を明確にしている。こうすることで聴衆は，どの部分がその見出し下の情報なのかを迷わずにすむ。これに加え，読み進めながら視線を移す方向（下に移すのか，右に移すのか）が明確になるという効果もある。この囲みがない（**改悪例5**）と途端にわかりにくくなる。たとえば，「背景」（改悪例5の左上）の下に3つ並んだ「☆」で始まる文と，「継

第3部 | 学会発表のプレゼン技術

なぜ、ベガルタ仙台は強いのか: 勝利を呼ぶ牛タン定食仮説の検証

酒井 聡樹（東北大・生命科学）e-mail:sakai@tohoku.ac.jp

まとめ

結論
ベガルタ仙台が強いのは
牛タン定食を食べているから

☆ 食べた年ほど、走力(①②)・試合成績(③)が良かった
☆ 食べるのを止めたら弱くなった(④)
☆ 他チームが食べ始めたら強くなった(⑤)

継続的強化のために ☆ 牛タン定食を計画的に食べることが有効

序論

目的
なぜ、ベガルタ仙台は強いのか？ ― 牛タン定食を食べているからという仮説を検証 ―

背景
☆ ベガルタ仙台は強い。どの試合でも走り勝っている
☆ 強さの秘密がわかれば、**継続的強化**に適用できる
☆ **牛タン定食**のおかげで走力向上？ ← 選手はよく食べている／牛タンは良質なタンパク質

牛タン定食とは
◇ 仙台が発祥の地
◇ 牛タン・麦飯・漬け物・テールスープが定番
写真提供 牛たん炭焼 利久

調査対象と方法

調査対象
ベガルタ仙台 ◇ 仙台に本拠地を置くJリーグクラブ ◇ 2009年からJ1 ◇ 2023-2027年にJ1を5連覇

調査・実験方法
1. 牛タン定食を食べた回数と、選手の走力(①②)および試合成績(③)との関係
◇ 2019-2027年のデータを用いて以下の関係を解析

1年間に牛タン定食を食べた回数（1人あたり）
① → その年の在籍選手の10km走の平均（持久的走力）
② → その年の在籍選手の50m走の平均（瞬発的走力）
③ → その年の獲得勝ち点（試合成績）

2. 牛タン定食を食べるかどうかが試合成績に与える影響
◇ 2027年に、2つの操作実験を行った ― それぞれで、獲得勝ち点の合計を比較 ―

ベガルタ仙台の選手が**牛タン定食を絶つ**：絶つ直前の5試合 ←④→ 絶って1ヶ月経過後の5試合
スペインリーグのFCバルセロナとレアルマドリードの選手が**牛タン定食を食べ始める**：食べ始める直前の5試合 ←⑤→ 食べ始めて1ヶ月経過後の5試合

結果と考察

1. 牛タン定食を食べた回数と、選手の走力(①②)および試合成績(③)との関係

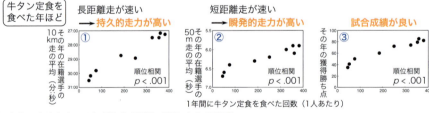

牛タン定食を食べた年ほど
長距離走が速い → 持久的走力が高い
短距離走が速い → 瞬発的走力が高い
試合成績が良い

順位相関 $p < .001$

1年間に牛タン定食を食べた回数（1人あたり）

2. 牛タン定食を食べるかどうかが試合成績に与える影響

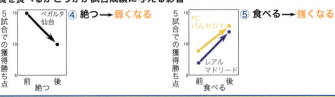

④ 絶つ → 弱くなる ベガルタ仙台
⑤ 食べる → 強くなる FCバルセロナ、レアルマドリード

折り込みポスターの改悪例3　1段組になっている。そのため、視線の大きな移動を強いられる。

なぜ、ベガルタ仙台は強いのか：
勝利を呼ぶ牛タン定食仮説の検証

酒井 聡樹（東北大・生命科学）e-mail:sakai@tohoku.ac.jp

まとめ

結論
ベガルタ仙台が強いのは
牛タン定食を食べているから ← ☆ 食べた年ほど、走力(①②)・試合成績(③)が良かった
☆ 食べるのを止めたら弱くなった(④)
☆ 他チームが食べ始めたら強くなった(⑤)

継続的強化のために ☆ 牛タン定食を計画的に食べることが有効

序論

目的
なぜ、ベガルタ仙台は強いのか？
― 牛タン定食を食べているからという仮説を検証 ―

背景
☆ ベガルタ仙台は強い。どの試合でも走り勝っている
☆ 強さの秘密がわかれば、**継続的強化**に適用できる
☆ **牛タン定食**のおかげで走力向上？
　　　↑　選手はよく食べている
　　　　　牛タンは良質なタンパク質

ベガルタ仙台
◇ 仙台に本拠地を置くJリーグチーム
◇ 2009年からJ1
◇ 2023-2027年にJ1を5連覇

牛タン定食とは
◇ 仙台が発祥の地
◇ 牛タン・麦飯・漬け物・テールスープが定番
写真提供 牛たん炭焼 利久

調査・実験方法

**1. 牛タン定食を食べた回数と、
選手の走力(①②)および試合成績(③)との関係**
◇ 2019-2027年のデータを用いて以下の関係を解析

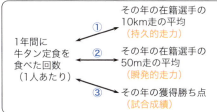

**2. 牛タン定食を食べるかどうかが
試合成績に与える影響**
◇ 2027年に、2つの操作実験を行った
― それぞれで、獲得勝ち点の合計を比較 ―

ベガルタ仙台の選手が**牛タン定食を絶つ**
絶つ直前の5試合 ④ 絶って1ヶ月経過後の5試合

スペインリーグのFCバルセロナとレアルマドリードの選手が**牛タン定食を食べ始める**
食べ始める直前の5試合 ⑤ 食べ始めて1ヶ月経過後の5試合

結果と考察

**1. 牛タン定食を食べた回数と、
選手の走力(①②)および試合成績(③)との関係**

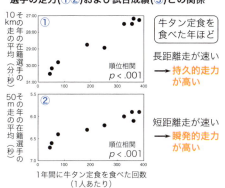

牛タン定食を食べた年ほど
長距離走が速い
→ **持久的走力が高い**

短距離走が速い
→ **瞬発的走力が高い**

牛タン定食を食べた年ほど
試合成績が良い

2. 牛タン定食を食べるかどうかが試合成績に与える影響

絶つ→**弱くなる**　　食べる→**強くなる**

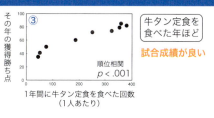
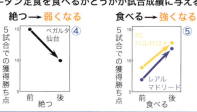

折り込みポスターの改悪例4　1段組と2段組の組合せになっている。そのため、ところどころで視線の大きな移動を強いられる。

なぜ、ベガルタ仙台は強いのか：
勝利を呼ぶ牛タン定食仮説の検証

酒井 聡樹（東北大・生命科学） e-mail:sakai@tohoku.ac.jp

序論

目的
なぜ、ベガルタ仙台は強いのか？
— 牛タン定食を食べているからという仮説を検証 —

背景
☆ ベガルタ仙台は強い。どの試合でも走り勝っている
☆ 強さの秘密がわかれば、**継続的強化**に適用できる
☆ **牛タン定食**のおかげで走力向上？
　　　　選手はよく食べている
　　　　牛タンは良質なタンパク質

牛タン定食とは

◇ 仙台が発祥の地
◇ 牛タン・麦飯・漬け物・テールスープが定番

写真提供　牛たん炭焼 利久

調査対象と方法

調査対象
ベガルタ仙台
◇ 仙台に本拠地を置くJリーグクラブ
◇ 2009年からJ1
◇ 2023-2027年にJ1を5連覇

調査・実験方法
1. 牛タン定食を食べた回数と、
   選手の走力(①②)および試合成績(③)との関係
◇ 2019-2027年のデータを用いて以下の関係を解析

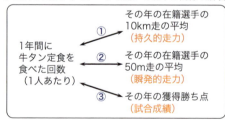

2. 牛タン定食を食べるかどうかが
   試合成績に与える影響
◇ 2027年に、2つの操作実験を行った
　— それぞれで、獲得勝ち点の合計を比較 —

ベガルタ仙台の選手が**牛タン定食を絶つ**
　絶つ直前の5試合　④　絶って
　　　　　　　　　　　1ヶ月経過後の5試合

スペインリーグのFCバルセロナとレアルマドリードの
選手が**牛タン定食を食べ始める**
　食べ始める直前の5試合　⑤　食べ始めて
　　　　　　　　　　　　　　1ヶ月経過後の5試合

まとめ

結論
ベガルタ仙台が強いのは牛タン定食を食べているから
↑
なぜなら
☆ 食べた年ほど、走力(①②)・試合成績(③)が良かった
☆ 食べるのを止めたら弱くなった(④)
☆ 他チームが食べ始めたら強くなった(⑤)

継続的強化のために
☆ 牛タン定食を計画的に食べることが有効

結果と考察

1. 牛タン定食を食べた回数と、
   選手の走力(①②)および試合成績(③)との関係

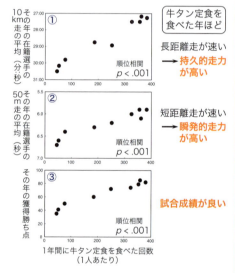

牛タン定食を食べた年ほど
① 長距離走が速い → **持久的走力が高い**
② 短距離走が速い → **瞬発的走力が高い**
③ **試合成績が良い**

順位相関 $p < .001$

2. 牛タン定食を食べるかどうかが
   試合成績に与える影響

絶つ → 弱くなる　　食べる → 強くなる

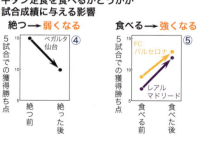

④ ベガルタ仙台
⑤ FCバルセロナ、レアルマドリード

折り込みポスターの改悪例5　情報の領域を示す枠がない。そのため、どの部分がその見出し下の情報なのかわかりにくく、読み進む方向もわかりにくい。

続的強化のために」（改悪例5の右上）の上下に4つ並んだ「☆」で始まる文を，1まとまりの情報と捉えかねない。左下の「2. 牛タン定食を食べるかどうかが試合成績に与える影響」の部分を読み終えたら，ついついその右の「2. 牛タン定食を食べるかどうかが試合成績に与える影響」に視線を移してしまう。情報のまとまりごとに囲みさえすれば，こうした誤解は一切なくなる。

　枠内と枠外とで色を変えることも効果的である。たとえば折り込みポスターでは，枠内は白，枠外は黄色になっている。これにより，領域がより明確になっているはずだ。

6.2.6　読む順番がわかるようにする

　ポスターを見れば読む順番がわかるようにしておこう。あなたがポスターの所にいないときにも聴衆はやってくるのだ。折り込みポスターのように単純な構成の場合は，読む順番を迷うことはないであろう。しかし，情報の領域の数がもっと多い場合には迷う可能性がある。そうしたポスターでは，領域に通し番号を振るなどして（図9；p.149），読む順番を指示してあげよう。

6.2.7　番号等を使って情報間の対応をつける

　拾い読みを効率良く行ってもらうためには，**対応する情報を素早く見つけ出せるようにしておくこと**である。だから，番号等を使って情報間の対応をつけよう。たとえば折り込みポスターでは，①〜⑤の番号を使って対応する情報を示している。これにより，結論を支える根拠を読んでいる聴衆が，対応する調査・実験方法とその結果を参照しやすくなる。調査・実験にも，「1. 牛タン定食を食べた回数と，……」「2. 牛タン定食を……」と番号を付けている。これも，調査・実験方法とその結果の対応をつけやすくするためである。これが**改悪例6**のようだと，対応する情報を見つけるのが大変である。たとえば，根拠を読んでも，それに対応する結果がどれなのかがわかりにくい。聴衆はかなりいらいらするであろう。

6.2.8　情報を省略しない

　同じ情報がいくつかの部分に出てくることがある。たとえば，調査・実験のタイトル「1. 牛タン定食を食べた回数と，……」は，「調査対象と方法」と「結果と考察」の両方に出てくる。「1年間に牛タン定食を食べた回数（1人あたり）」も両方に出てくる。こうした場合，1度説明したことだからと，2度目以降の部分では情報を省略したくなる。たとえば，「1. 牛タン定食を食べた回数との関係」「食べた回数」などのようにだ（**改悪例7**）。

　しかしポスターでは，情報を省略してはいけない。なぜならば，**全聴衆が同じ順番でポスターを読むとは限らない**からだ。「序論」「まとめ」「結果と考察」「調査対象と方法」という順番で読む場合もあれば，「序論」「調査対象と方法」「結果と考察」「まと

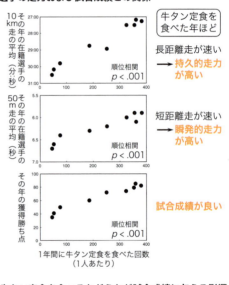
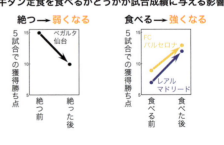

折り込みポスターの改悪例6　情報間の対応を示す番号がない。そのため，対応する情報を見つけにくい。

なぜ、ベガルタ仙台は強いのか:
勝利を呼ぶ牛タン定食仮説の検証

酒井 聡樹（東北大・生命科学）e-mail:sakai@tohoku.ac.jp

序論

目的
なぜ、ベガルタ仙台は強いのか？
― 牛タン定食を食べているからという仮説を検証 ―

背景
☆ ベガルタ仙台は強い。どの試合でも走り勝っている
☆ 強さの秘密がわかれば、継続的強化に適用できる
☆ 牛タン定食のおかげで走力向上？
　　↑ 選手はよく食べている
　　　牛タンは良質なタンパク質

牛タン定食とは

◇ 仙台が発祥の地
◇ 牛タン・麦飯・漬け物・テールスープが定番

写真提供　牛たん炭焼 利久

調査対象と方法

調査対象
ベガルタ仙台
◇ 仙台に本拠地を置くJリーグクラブ
◇ 2009年からJ1
◇ 2023-2027年にJ1を5連覇

調査・実験方法
1. 牛タン定食を食べた回数と、
   選手の走力(①②)および試合成績(③)との関係
◇ 2019-2027年のデータを用いて以下の関係を解析

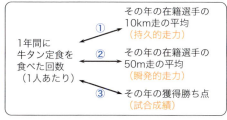

2. 牛タン定食を食べるかどうかが
   試合成績に与える影響
◇ 2027年に、2つの操作実験を行った
   ― それぞれで、獲得勝ち点の合計を比較 ―

ベガルタ仙台の選手が牛タン定食を絶つ
　絶つ直前の5試合　④　絶って1ヶ月経過後の5試合

スペインリーグのFCバルセロナとレアルマドリードの選手が牛タン定食を食べ始める
　食べ始める直前の5試合　⑤　食べ始めて1ヶ月経過後の5試合

まとめ

結論
ベガルタ仙台が強いのは牛タン定食を食べているから
　↑ なぜなら
☆ 食べた年ほど、走力(①②)・試合成績(③)が良かった
☆ 食べるのを止めたら弱くなった(④)
☆ 他チームが食べ始めたら強くなった(⑤)

継続的強化のために
☆ 牛タン定食を計画的に食べることが有効

結果と考察

1. 牛タン定食を食べた回数との関係

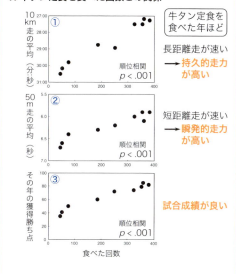

牛タン定食を食べた年ほど
① 長距離走が速い → 持久的走力が高い
② 短距離走が速い → 瞬発的走力が高い
③ 試合成績が良い

順位相関 $p < .001$

2. 牛タン定食の操作実験

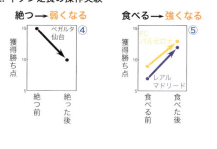

絶つ→弱くなる　④
食べる→強くなる　⑤

折り込みポスターの改悪例7　情報を省略している。「結果と考察」の説明で，見出し（「1．牛タン定食を食べた回数との関係」など）・軸の説明（「食べた回数」など）を，情報を省略して書いている。そのため，「調査対象と方法」の前に「結果と考察」を読み出した聴衆は，見出し・軸の正確な意味を掴めずに困ってしまう。

め」という順番で読む場合もある。つまり，どの部分を最初に読むのかわからない。ならば当然，情報を省略してはいけない。「1. 牛タン定食を食べた回数との関係」と書いてある部分を最初に読んだ聴衆は，「食べた回数と何との関係か？」と，その意味を読み取るのに困ってしまう。少々くどく感じることがあっても，どの部分においても情報を丁寧に書いておくようにしよう。

6.3　ポスターの各項目で書くべきこと

本節では改めて，ポスターの各項目で書くべきことを説明する。**図9**および**折り込みポスター**を見ながら読み進めて欲しい。

図9は，ポスターの構成の雛型である。この雛型に従って作れば間違いないと私が思うものだ。ただし，この雛型に従って作ることを強要するつもりはない。わかりやすいポスターにする雛型は他にもあるであろう。要は，第3部でこれまで説明してきたことを取り入れて，あなたらしいポスターを作ってくれれば良いのだ。以降の説明も，そのつもりで読んでいただきたい。

私推奨の雛型では，「序論」と「まとめ」を上に書き，その下に，「研究対象と方法」「結果」「考察」（「考察」は，必要な場合のみ）を書く。一番下に，必要ならば「付録」を載せる。「まとめ」の部分は，枠線の色を変えたり太くしたりするなどして目立たせる。見出しの名称は他のものを使ってもよい（好みもあるだろうし，研究分野による違いもあるだろう）。たとえば，「研究対象と方法」の代わりに「調査対象と方法」などでもよいし，「考察」の代わりに「議論」などでもよい。各項目へのスペースの分配は臨機応変に。たとえば**折り込みポスター**では，「付録」がないので，「調査対象と方法」と「結果と考察」を左右で分割させている。

「研究対象と方法」の説明がさして重要でないため，付録扱いにすることもある。その場合，ポスターの本体部分にではなく，図9の「付録」の部分に「研究対象と方法」という見出しを立て（「付録」という見出しではなく），その説明を書く。付録扱いなので，「研究対象と方法」の口頭での説明はごく軽くに留める（口頭でもちゃんと説明するのなら，付録扱いにしてはいけない）。

以下で，各項目で書くことを説明する。

6.3.1　演題

《第2部第4章（p.45）も参照のこと》

一番上に演題をでかでかと書く。ポスター会場を歩いている聴衆は，演題を見ながら興味を惹くポスターを探しているのだ。だから演題を目立たせないといけない。

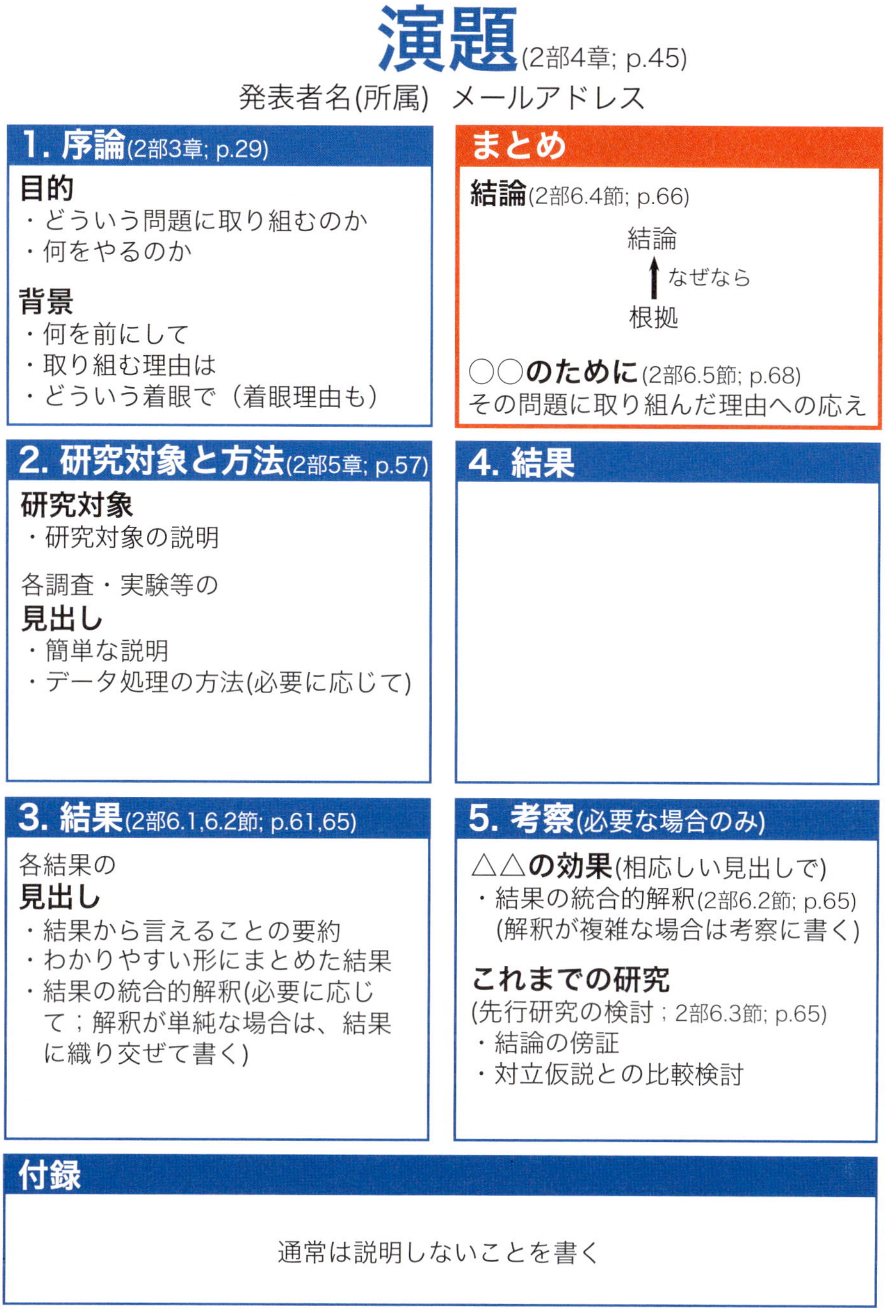

第6章 | ポスターの作り方

演題(2部4章; p.45)
発表者名(所属)　メールアドレス

1. 序論(2部3章; p.29)
目的
- どういう問題に取り組むのか
- 何をやるのか

背景
- 何を前にして
- 取り組む理由は
- どういう着眼で（着眼理由も）

まとめ
結論(2部6.4節; p.66)

結論
↑ なぜなら
根拠

○○のために(2部6.5節; p.68)
その問題に取り組んだ理由への応え

2. 研究対象と方法(2部5章; p.57)
研究対象
- 研究対象の説明

各調査・実験等の
見出し
- 簡単な説明
- データ処理の方法(必要に応じて)

4. 結果

3. 結果(2部6.1,6.2節; p.61,65)
各結果の
見出し
- 結果から言えることの要約
- わかりやすい形にまとめた結果
- 結果の統合的解釈(必要に応じて；解釈が単純な場合は、結果に織り交ぜて書く)

5. 考察(必要な場合のみ)
△△の効果(相応しい見出しで)
- 結果の統合的解釈(2部6.2節; p.65)
  (解釈が複雑な場合は考察に書く)

これまでの研究
(先行研究の検討；2部6.3節; p.65)
- 結論の傍証
- 対立仮説との比較検討

付録
通常は説明しないことを書く

図9　ポスターの基本構成。該当部分で書くべきことの説明部分を添えている。折り込みポスターと対応づけて参照のこと。

6.3.2　発表者名等

演題の下に，発表者名・所属・メールアドレスを書く。発表者名・所属は共同発表者全員のものを書く。メールアドレスは，発表担当者（筆頭著者）のものだけでもよい。要は，その研究に関しての情報交換をする人のアドレスを書けばよい。

発表者名・所属は大きな字で書くようにしよう。学会発表は自分を売り込む場でもあるのだ。どこの誰なのかを覚えてもらうことが大切である。

6.3.3　序論

《第2部第3章（p.29）も参照のこと》

序論には，骨子となる5つ（**要点6**；**p.29**）を最小限の肉付けで書けばよい。「目的」（あるいは「狙い」など）の見出しの下に，「どういう問題に取り組むのか」「何をやるのか」を書く。「背景」（あるいは「動機」など）の見出しの下に，「何を前にして」「取り組む理由は」「どういう着眼で（着眼理由も）」を書く。

6.3.4　研究対象と方法

《第2部第5章（p.57）も参照のこと》

まず初めに研究対象を説明する。「研究対象」「調査対象」といった見出しを立てよう。次いで，1つ1つの調査・実験等について，そのタイトルを見出しとして，簡単な説明とデータ処理の方法を書く。データ処理の方法は，常識的なものを使う場合には省略しても構わない。

たまに，研究対象と方法の中身だけ小さな字で書いているポスターを見かける。他の項目に比べ重要性が劣るからという理由であろう。研究対象と方法を付録扱いして一番下に書く場合にはそれでも構わない。しかしそうしないのならば，字の大きさは同じにするべきである。なぜならばここも，聴衆にきちっと読んでもらいたいはずだからである。ならば，読みやすいように大きな字で書かなくてはいけない。

6.3.5　結果

《第2部6.1, 6.2節（p.61, 65）も参照のこと》

1つ1つの調査・実験等について，そのタイトルを見出しとして，結果（データ等）を提示する。その結果から言えることの要約も書く。見出しは，研究対象と方法で用いたものと同じにすること（対応をつけやすくするため）。

得られた結果の統合的解釈（第2部6.2節参照；**p.65**）が必要な場合は，結果か考察のどちらかに書く。解釈を導く論理が単純ならば結果に書いてしまえばよい。ただしその場合は，「結果」ではなくて「結果と考察」という見出しにしよう。複雑ならば，「考察」という独立の見出しを設け，そこで丁寧に書くようにしよう。

6.3.6 考察
《第2部6.2, 6.3節（p.65）も参照のこと》

考察は，必要な場合のみ設ければよい。つまり，以下のどちらか（または両方）に当てはまる場合だけでよい。

> ☐ 得られた結果の統合的解釈（第2部6.2節参照：p.65）をする必要があり，かつ，解釈を導く論理が複雑な場合。
> ☐ 先行研究の検討が必要な場合。

6.3.7 まとめ
《第2部6.4, 6.5節（p.66, 68）も参照のこと》

問題に対する結論とその根拠を書く。その問題に取り組んだ理由への応えを書く場合はまとめに書く。

聴衆が一番知りたいのは結論である。だからこれを一番上に書く。その下に根拠を書く。結論を知った聴衆は，「根拠は何なのか？」と知りたくなるからである。たとえば，根拠なしに，「ベガルタ仙台が強いのは牛タン定食を食べているから」とだけ言われても，なんかすっきりしない気持ちが残るであろう。根拠の説明は，結果・考察に書いたことを手短にまとめるようにしよう。

その問題に取り組んだ理由への応えを，考察ではなくまとめに書くのは，結論を受けて書くものだからである。だから当然，結論と同じ部分に書く。

6.3.8 付録

通常は説明しないことは，付録にまとめるようにしよう。本筋の理解には不要な個別情報や詳細情報（調査・実験方法の詳細とか）などである。付録に書いたことは，質問を受けた場合だけ説明すればよい。

付録の中身とて，他の項目の中身と同じように大きな文字で書くに越したことはない。しかしそのために，他の項目のスペースを削って，付録のスペースを拡大しては本末転倒である。付録の中身の文字は，場合によっては小さめにしてもよい。

6.3.9 要旨は不要

ポスターに要旨は不要である。序論とまとめとで十分にその機能を果たしているからだ。この2つを読めば，目的・背景・結論・根拠がわかる。同じ内容を，要旨としてわざわざまとめ直す必要はない。

第 7 章

ポスター発表の仕方

本章では，ポスター発表の仕方を説明する。成功させるために心がけるべきことを**要点 16** にまとめたので，これに従って説明していこう。

質疑応答の仕方は，ポスター発表と口頭発表とで共通することが多い。それらを，「質疑応答の仕方」として第 10 章（p.179）にまとめたので，この章も参照してほしい。

要点 16
ポスター発表において心がけるべきこと

1. 説明練習をする
2. 勝手に説明を始めない
3. 10 秒ほど見てくれたら声をかけてみる
4. 全員に向かって言葉を発する
5. 聴衆の反応を見ながら説明する
6. 特定の聴衆と延々とやりとりをしない
7. 指示棒を使って説明する
8. 図表の読み取り方を説明してから，データの意味することを述べる
9. 縮刷版を用意する

7.1 説明練習をする

ポスターができたら説明練習をしよう。その目的は 5 つある。

- ☐ 他者の意見を仰ぐため
- ☐ 説明の仕方を工夫するため
- ☐ ポスターの作り方の問題点を見つけるため
- ☐ 淀みなく説明できるようになるため
- ☐ 説明時間を確認するため

以下で，それぞれについて説明する。

7.1.1 他者の意見を仰ぐため

　研究室の人たちの前で説明練習をし，わかりにくい点はないか，どうすれば改善できるかといったことを指摘してもらおう。これは絶対に必要である。あなた自身では気づかなかった問題点があるはずなのだ。他者の目を通すと，発表は驚くほど改善されるものである。

7.1.2 説明の仕方を工夫するため

　説明をしてみると，言葉が滞ってしまう部分も見つかるであろう。その場合は，説明の仕方を工夫する必要があるかもしれない。説明の順番を変えてみたりして，滞りなく話せるようにしよう。

7.1.3 ポスターの作り方の問題点を見つけるため

　ポスターの作り方の問題点を見つけることもできる。言葉が滞ってしまう部分は，ポスターの作り方に問題があるのかもしれないのだ。どうにもうまく説明できない部分は，ポスターを作り直してみることである。

7.1.4 淀みなく説明できるようになるため

　言うまでもなく，練習をしないと淀みなく説明できるようにならない。だから，何度も練習をする必要がある。

　話す練習なのだから，ちゃんと声に出してやるように。口をもごもごさせるだけでは駄目である。

7.1.5 説明時間を確認するため

　説明にどれくらい時間がかかるのか確認する必要もある。6.2.1項で説明したように（p.137），5〜10分くらいを目処にしてほしい。

7.2 勝手に説明を始めない

　聴衆がポスターの前に立ち止まると，承諾もなく説明を始める人がいる。聴いてもらいたいという熱意の現れではあるのだろう。しかし，勝手に説明を始めてはいけない。聴衆の時間を強奪することになりかねないからだ。ポスターの前に立った聴衆は，説明を聴くべきかどうか考えているのだ。聴くかどうかの決定権は聴衆にあると心得よう。

7.3 10秒ほど見てくれたら声をかけてみる

10秒ほど見てくれたら,「説明いたしましょうか？」と声をかけてみよう。説明を聴くかどうかの決定権は聴衆にあるとはいっても, いつまでもじっとしている必要はない。あなたが声をかけてくれるのを待っている聴衆もいるのだ。「お願いします」と言われたら説明を始める。むろん, 断られることもある。その場合は,「では, 質問はございますでしょうか？」と聞いてみよう。ポスターの要点をつかんでしまったので, 説明が不要であるのかもしれないのだ。こうした積極的な声がけをして, 一人でも多くの聴衆を惹き込む努力をする。せっかくポスター発表をするのだから, 遠慮するのはもったいない。

7.4 全員に向かって言葉を発する

説明をするときも質問に答えるときも, 説明の輪に加わっている全員に向かって言葉を発するようにしよう。全員とは, 説明開始時にその場にいた聴衆のことではない。途中から説明に加わった聴衆も含めて, その場にいる全員のことである。ポスター発表では, 説明の途中から輪に加わる聴衆も多い。そういう聴衆にもしっかりと気遣いをすることが大切である。そうでないと, 疎外感を感じて, 説明の輪から離れていってしまうかもしれないのだ。

具体的には, 以下の2つを心がけて欲しい。

> ☐ 全員に聞こえる声で話す。
> ☐ 皆に等しく視線を送る。

1つ目は当然のことである。ポスター会場はうるさい（周りでも議論している）ので, 声の小さい人はとくに気をつけるようにしよう。2つ目はつい忘れがちなことである。たとえば, 最初からそこにいた聴衆だけを見て話をし, 途中から加わった聴衆にまったく視線を送らない。これでは, 遅れてきた聴衆を故意に無視しているのと同じである。説明の小さな切れ目ごとに一呼吸おき, 全員に視線を送ることを意識しよう。質問を受けたときには, 質問者に視線を送ることになる。しかしこのときも, 他の聴衆のことを意識しながら回答するように。

7.5 聴衆の反応を見ながら説明する

ポスター発表の良さは，聴衆と対話できることにある。だから，一方的に説明を続けてはいけない。説明の途中で適宜話を区切って，聴衆の反応を見よう。そして，「ここまでよろしいでしょうか？」と聞いてみる。そうすれば聴衆は，わからなかった点を確認できる。あなたも，どの点がわかりにくかったのかを知ることができ，その後の説明に修正を加えることができる。

7.6 特定の聴衆と延々とやりとりをしない

質疑のときに，特定の聴衆と延々とやりとりをしてはいけない。他の聴衆も質問したいのだ。質疑がお開きとなり，新たな説明が始まるのを待っている聴衆もいる。だから，お互いに納得したら，他の聴衆に質問の場を譲ってもらうことが大切である。もっともこれは，聴衆の問題でもある。あなたとしては，以下のどれかに陥らないように気をつけよう。

> - 質疑というより議論になっている。たとえば，ベガルタ仙台の強化策についての議論になってしまっている。
>   → 対処法：「後ほどじっくり議論しましょう」と言う。
> - その聴衆の個人的な相談時間になっている。たとえば，あなたが用いた手法を自分も用いようと思っており，その方法について詳細に聞いてくる。
>   → 対処法：「メールにて詳細をお伝えします」と言う。
> - ポスターと直接には関係のない話になっている。
>   → 対処法：論外。すぐに止める。

あなたは，ポスター発表という「公の場」で，そのやりとりを他の聴衆に披露しているのだ。この意識を持てば自ずと，「2人だけの議論」はできなくなるはずである。

7.7 指示棒を使って説明する

説明には指示棒を使うようにしよう。そして，ポスターの横（一部分たりとも，あなたの身体でポスターを隠さない位置）に立ち，指示棒で指し示しながら説明する。そうすれば，ポスターが身体の陰になりにくい。指や鉛筆で指し示そうとすると，腕を伸ば

し，かつ，身体をポスターの前に出すことになる。そのため，ポスターの一部が腕と身体で隠れてしまう。その部分を読んでいた聴衆は，ちょっといらつく。

　右手に指示棒を持つのなら，ポスターが右手側に来る位置に立とう。左手に持つのなら左手側だ。そうすれば，聴衆の方を向いたままポスターを指し示すことができる。

　説明のときは，ノートや講演要旨などは置いておくこと。ノート等を持った腕でポスターを指し示すなど論外である。肝心の部分が，ノート等に隠れて見えなくなってしまう。

7.8 図表の読み取り方を説明してから，データの意味することを述べる

　図表等を説明する場合は，その読み取り方の説明（軸の説明等）をしてから，データの意味することを説明する。読み取り方の説明をしないと，聴衆が図表を理解できない可能性があるのだ。あなたの目にはどんなに単純な図表に映ったとしても，聴衆にとっては初めて目にする図表である。「横軸は○○，縦軸は△△です」と，丁寧すぎるくらいに説明しておこう。

7.9 縮刷版を用意する

　ポスターの縮刷版を作って置いておこう。そして聴衆に，自由にお持ち帰りいただく。そうすれば聴衆は，ポスターの内容をいつでも参照することができる。

　縮刷版はA4にすること。A3やB4にしてはいけない。A3，B4にするということは，A4では小さくなりすぎるということだからである。そんなポスターには，小さな文字で情報がびっしりと書かれていることであろう。A4に縮刷しても十分に読みやすい情報量にしないと駄目だ。

　関連する論文を出版ずみならば，その別刷りも置いておこう。これも持ち帰り自由にすれば，論文の宣伝にもなる。

第 8 章
スライドの作り方

本章では，スライドの作り方を説明する。わかりやすいスライドにするためにはどうしたらよいのか。ベガルタ仙台に関する研究の**折り込みスライド**を例に説明していこう。

要点 17

わかりやすいスライドにするコツ

(要点 12～14（p.83, 91, 119）に加えて心がけるべきこと)
1. どういう情報を伝えるのかを前もって知らせる
   ◇ これから話す項目を示す
   ◇ 長い発表の場合は，発表全体の目次を示す
   ◇ 発表の現在位置を示す
2. 1 枚のスライドで 1 つのことだけを言う
3. 各スライドに必ず見出しをつけ，必要に応じて言いたいことも明記する
4. 大切なことはスライドの上部に書く
5. 中央配置を基本とする
6. スライドの作り方に一貫性を持たせる

8.1 スライドの適正な枚数

まずは，スライドの適正な枚数について説明する。発表時間内に何枚くらいのスライドを提示できるのか。この目安は案外と難しい。研究分野によって，1 枚のスライドの説明に費やす時間が違うだろうからだ。参考までに，本書で例示しているスライドならば，1 分あたり 1.5～2.5 枚くらい提示できる。

要は，スライドを作ったら，発表練習をしてみることである。時間が足りなかったらスライドを削り，余ったら増やす。これが一番確実な方法だ。練習をするときは，できるだけ本番と同じ状況にすること。つまり，液晶プロジェクター等を使ってスクリーンに映して，スライドを指し示しながら声に出して説明する（聴衆がいるつもりで説明すること）。こうすべきなのは，聴衆に向かって声を発して説明する場合，説明の速度は案外と遅くなるためだ。はっきり声に出さずに，口の中でもごもご説明してみても，本

番でかかる時間の参考にならない。それに加え，スライドが切り替わる時間や，ちょっとした動作（スライドを指したりとか，視線を聴衆の方に移したりとか）にかかる時間も無視できないということがある。発表時間が10分前後の場合，数10秒の誤差は大きいであろう。

8.2 わかりやすいスライドにするコツ

本節では，わかりやすいスライドを作るコツ（**要点17**；p.157）を説明する。第3部第3〜5章（p.83, 91, 119）で説明したことに加え心がけて欲しいことである。

8.2.1 どういう情報を伝えるのかを前もって知らせる

情報というものは，これからどういうものが来るのかを知った上で聴く方が理解しやすい。前もって知っていれば，その情報を受け入れる準備ができるからである。だから必ず，どういう情報を伝えるのかを前もって知らせるようにしよう。以下で，そのために具体的に行うべきことを説明する。

これから話す項目を示す

適宜，これから話す項目をまとめたスライドを示すようにしよう。たとえば，「仙台における牛タン定食の歩み」として，いくつかの項目を話すとする。その場合はこのようなスライドを提示する。

> **例55** これから話す項目をまとめたスライド。
>
> **仙台における牛タン定食の歩み**
> ◇ 牛タン定食がなかった時代
> ◇ 牛タン定食誕生の秘話
> ◇ 牛タン定食の躍進
> ◇ ベガルタ仙台との出会い

これがあれば，これからどういう情報が来るのかを聴衆は知ることができる。同様に**折り込みスライド8**でも，調査・実験の項目を前もって伝えている。

話の流れから，次に来る情報を予測できる場合はこうしたことをしなくてよい。たとえば**折り込みスライド11**では，これから説明する結果の具体的項目を書いていない。これは，調査・実験内容を聴衆はすでに知っているためである（スライド8があるので）。スライド11にも繰り返し書いては，無駄に読ませる情報を加えることになってしまう。

長い発表の場合は，発表全体の目次を示す

発表時間が長い場合（学会のシンポジウムでの講演・学位論文の発表・研究室セミナーでの発表など）は，発表全体の目次を冒頭で示すようにしよう。

> 例56　発表全体の目次。
>
> **本日の内容**
> ◇ ベガルタ仙台の戦績
> ◇ 仙台における牛タン定食の歩み
> ◇ 牛タン定食を食べることの効果
> ◇ これからの強化策

目次があれば，これからの話もわかるし，発表の全体像も掴むことができる。

発表時間が短い場合は目次は不要である。つまりは，通常の学会発表（発表時間が10分前後）では不要だ。こうした発表では，「序論 → 研究方法 → 結果 → 考察 → 結論」と進んで終わりである。こういう単純な流れならば，これからどういう情報が来るのかを聴衆は想像できる。だから目次はいらない。

発表の現在位置を示す

発表時間が長い場合は，発表の現在位置も示すようにしよう。たとえば以下のようにしてである。

> **例57** 発表の現在位置を示す目次。
>
> **本日の内容**
> ◇ ベガルタ仙台の戦績
> ◇ 仙台における牛タン定食の歩み
> ◇ **牛タン定食を食べることの効果**
> ◇ これからの強化策

このように，これから話すこと（例57では「牛タン定食を食べることの効果」）を示した目次を再掲するのである。そうすれば聴衆は，その話が始まるとわかるし，その話の全体の中での位置づけも理解できる。現在位置の示し方としては，例57のように文字色を変える方法や，その部分に印（矢印とか）を付けたりする方法がある。

　これから話す項目をまとめたスライド（例55；p.158）においても，各項目の話がそれなりに長い場合は，現在位置を示すスライドを挟むようにしよう。たとえば，「牛タン定食の躍進」の話に入るときに，その話が始まることを示すスライド（例57のようなもの）を再掲する。

　各項目の話が短い場合は，現在位置を示すスライドは不要である。**折り込みスライド8**も，その後のスライドが2枚で終わっているので，現在位置を示すスライドを再掲していない。

8.2.2　1枚のスライドで1つのことだけを言う

　1枚のスライドで1つのことだけを言うようにしよう。1枚のスライドにいくつものことを書いてはいけない。**情報量が多いスライドを出されると，聴衆は，理解する気をなくしてしまう**のだ。例を見てみよう。

例58　情報量の多いスライド。

このスライドは，4つのこと（青字見出しの「ベガルタ仙台」「ベガルタ仙台は強い」「仙台」「強さを支えるもの」）を1枚の中に詰め込んでいる。しかしこれでは，聴衆が引いてしまうだけである。複数の情報は複数のスライドに分割する。例58の場合は4枚のスライドに分割する。そして，1つのことだけが載っているスライドを順次示していく。スライドの枚数が増えてもまったく構わないのだ。

　1つのことだけを言うべきなのは，作業記憶による制約があるためである（図10；2.1.1項も参照；p.79）。

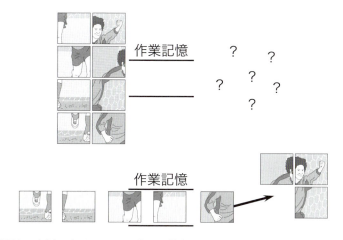

図10　作業記憶の容量の小ささにより生じる情報処理の制約。私たちは，作業記憶領域において情報を処理する。そこで一度に処理できる情報量は少なく，細い通路のようなものである。そのため，一度に多量の情報が入ってくると理解できなくなってしまう（上図）。しかし，一度に少しずつ入ってくるのならば理解することができる（下図）。

作業記憶の容量は小さい。そのため私たちは，一度にたくさんの情報を処理できない。しかし，情報の総量が同じであったとしても，一度に少しずつ示されれば処理できるのだ。

「1つのこと」とは，1つのまとまりとして理解して欲しい情報のことである。たとえば，**折り込みスライド6**では，「牛タン定食のおかげで走力向上？」という着眼と，牛タン定食の説明という2つの情報を載せている。後者は，着眼を理解してもらうために必要な補足情報だ。だから，これら2つを1つのまとまりとして，同じスライドに載せている。同様に**折り込みスライド16**では，結論と「継続的強化のために」という2つの情報を載せている。後者は，結論を受けてのことなので同じスライドに載せた。ただし，「継続的強化のために」の中身が多い場合は，別のスライドにする方がよい。

8.2.3　各スライドに必ず見出しをつけ，必要に応じて言いたいことも明記する

どのスライドも，何らかのことに関して，何らかのことを示している。たとえば**折り込みスライド2**は，ベガルタ仙台に関して，その簡単な紹介を示している。**折り込みスライド3**は，ベガルタ仙台の強さに関して，その実績を示している。当然のことながら，各スライドのこうした内容をすばやく掴んでもらうことが大切である。

そのためにはまずもって，何に関するスライドなのかを明記することである。つまり，スライドに必ず見出しをつけることだ。そして必要に応じて，そのスライドで示していることの要点を，言いたいこととして明記することである。具体的には，図11の3つの基本型のいずれかにする。

4.5.1項（p.102）の説明に従い，「見出し」「言いたいことを兼ねた見出し」を見出しとして目立たせる。「言いたいこと」は重要事項として強調する。

例を見てみよう。まずは，①「見出し」と「言いたいこと」の例からだ。

第8章 | スライドの作り方

図11 スライドの3つの基本型。「見出し」が，何に関するスライドなのかを示す。「言いたいこと」は，そのスライドで示していることの要点である。要点としてまとめる必要がない場合は「言いたいこと」は不要である。①「見出し」と「言いたいこと」を明記。②「言いたいことを兼ねた見出し」を明記。③「見出し」のみを明記。

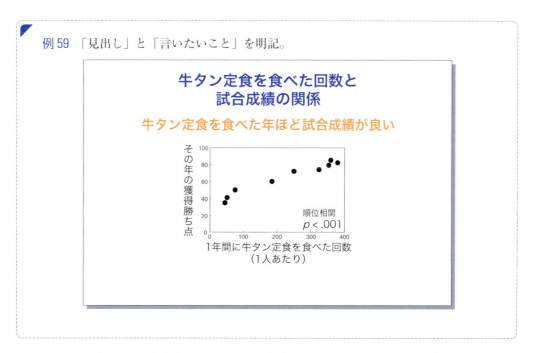

例59 「見出し」と「言いたいこと」を明記。

例59では，「牛タン定食を食べた回数と試合成績の関係」が見出しで，「牛タン定食を食べた年ほど試合成績が良い」が言いたいこと，図が各種情報である。図に基づいて，そこから言えることをまとめている。次は，②「言いたいことを兼ねた見出し」の例である。

例60　言いたいことを兼ねた見出し。

ベガルタ仙台は強い

☆ 2023-2027年にJ1を5連覇
☆ 2025-2027年に、
　アジアチャンピオンズリーグを3連覇

「ベガルタ仙台は強い」が言いたいことを兼ねた見出しである。その下に，補足説明的に各種情報がある。最後は，③「見出し」のみの例である。

例61　見出しのみ。

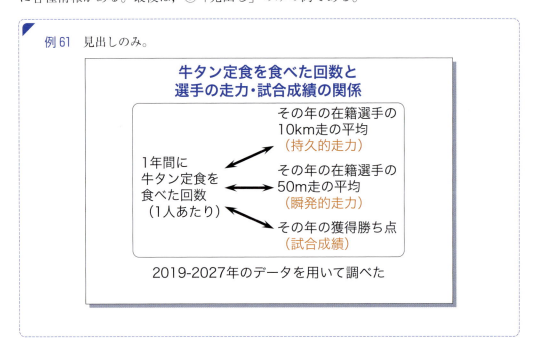

「牛タン定食を食べた回数と選手の走力・試合成績の関係」が見出しで，その調査法が各種情報である。調査方法をまとめるまでもないので，「言いたいこと」は書いていない。このように，そのスライドの内容をまとめる必要が無い場合は見出しのみでよい。

「見出し」「言いたいこと」「言いたいことを兼ねた見出し」が無いとどうなるか。例

59 の改悪例を第 2 部 6.1 節（p.61）に示しているので参照して欲しい。例 60, 61 も同様に，見出しがなくなるとわかりにくくなる。

8.2.4　大切なことはスライドの上部に書く

大切なことは，スライドの上部に書くようにしよう。スライドの下部は，前に座っている聴衆の頭に隠れて見えないことがあるためである。だから，そのスライドで「言いたいこと」（8.2.3 項）を，スライドの下部に書くことは避けた方がよい（5.7 節も参照；p.131）。

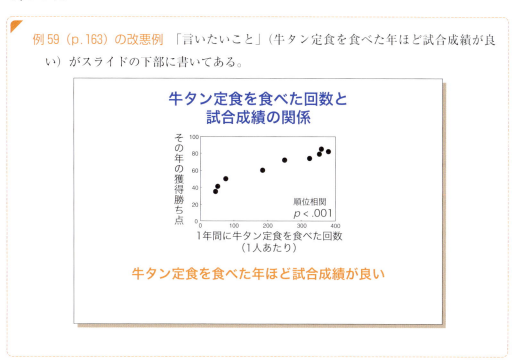

例 59（p.163）の改悪例　「言いたいこと」（牛タン定食を食べた年ほど試合成績が良い）がスライドの下部に書いてある。

スペース的に無理な場合も，あまりに下部には書かないように。たとえば**折り込みスライド 16** では，重要事項「継続的強化のために」が下に書いてある。この位置が，許容範囲ぎりぎりと思う。

8.2.5　中央配置を基本とする

本項では，情報を，スライドのどこに書くべきか——中央配置なのか左寄せ配置なのか——を説明する。

聴衆はスライドの中央を見る

まず初めに，聴衆がスライドのどこを見るのかを考えよう。何も書いていない真っ白なスライドを提示すると，ほとんどの聴衆は，スライド左や右ではなくスライド中央を見る（講演や講義の際に何度も実験済み）。つまり，聴衆の目が行くのはスライド中央

である。**もっとも大切な場所はスライド中央**ということだ。

中央配置を基本とする

聴衆が中央を見るのならば，スライド上の情報をできるだけ中央に置くべきである。つまり，中央配置にするべきである。例を見てみよう（図12）。

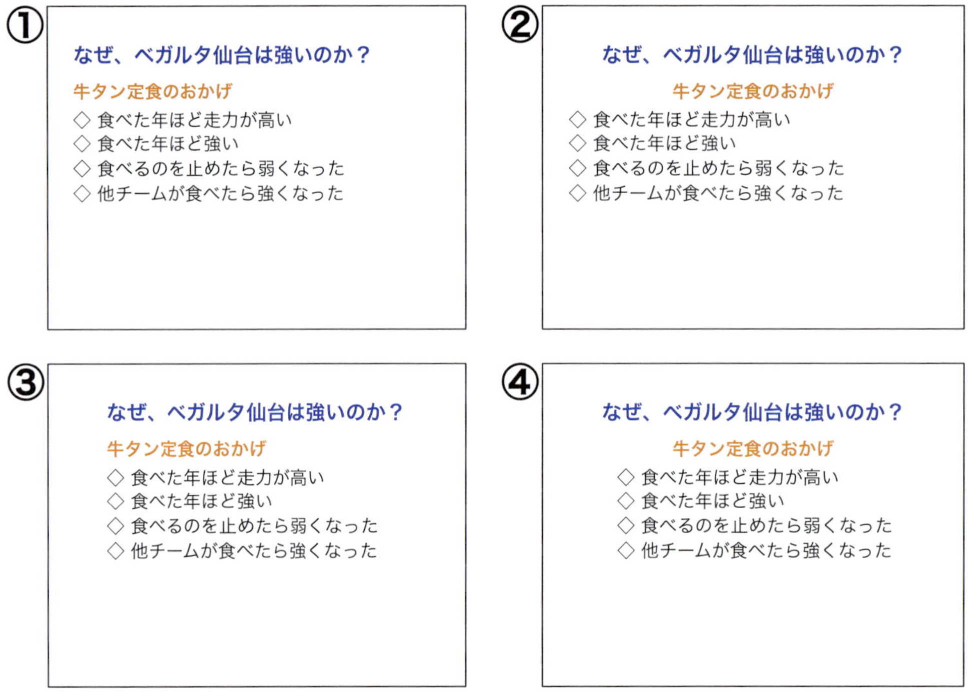

図12　スライド上の情報配置の4パターン。

　　見出し：「なぜ，ベガルタ仙台は強いのか」
　　言いたいこと：「牛タン定食のおかげ」
　　各種情報：「◇ 食べた年ほど…」

①完全左寄せ。②見出しと言いたいことが中央配置，各種情報が左寄せ。③中央配置をしつつ左揃え。④中央配置。

この4つの中では③④を推奨する。もっとも推奨するのは④である。④は，どの情報も，聴衆の目が行く中央にある。とくに大切なのが，見出し「なぜ，ベガルタ仙台…」と言いたいこと「牛タン定食のおかげ」が中央にあることである。それにより，これらが重要情報であると認識しやすいのだ。④に比べると③は，言いたいこと「牛タン定食のおかげ」の重要感が落ちると思う。しかし，左端（文頭）が揃っていて読みやすいという利点はある。②はありえないだろう。各種情報「◇ 食べた年ほど…」だけを左寄せにするのは不自然だ。①は，学会発表で非常に多いパターンである。でもなぜ，わざわざ左に寄せるのだろう。聴衆の目は中央に行くというのに。察するに，左端（文頭）が揃

っていると読みやすいという思いがあるのであろう。しかし，**左を揃えることと左に寄せることは別の行為**である。左揃えにしたいのならば③のようにするべきだ。

　私の実地調査も④を支持している。①②④の中のどれが良いのか（③は対象外）を講演・講義のたびに聴衆（計200人ほど）に尋ねたところ，圧倒的に④であった。③と④のどちらが良いのかを研究室の学生等20人弱に訊いたところ，④の方が倍近い支持を得た。①②③④のすべてを見せるアンケートも60人に対して行った。その結果，55人が④を選んだ。スライドは聴衆に見せるためにある。ならば当然，聴衆が好むスライドにするべきである。

　ただし，中央配置も度がすぎてはだめである。

> 図11 ④（p.163）の改悪例　　過度の中央配置。
>
> **なぜ、ベガルタ仙台は強いのか？**
> 　　　　**牛タン定食のおかげ**
> 　　　◇ 食べた年ほど走力が高い
> 　　　　◇ 食べた年ほど強い
> 　　◇ 食べるのを止めたら弱くなった
> 　　◇ 他チームが食べたら強くなった

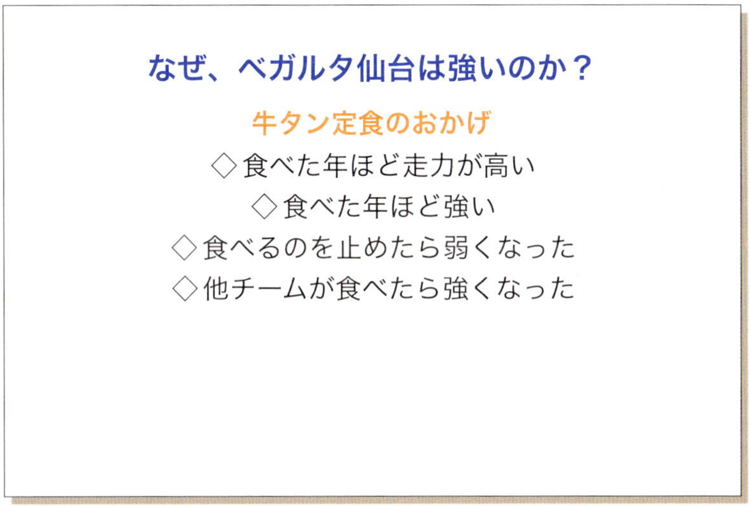

各種情報「◇ 食べた年ほど…」の4項目は並列の情報である。だから，文頭が揃っている方が読みやすい。一連の，並列な情報・対等な情報は，中央に配置しつつも**左揃え**にするようにしよう。

8.2.6　スライドの作り方に一貫性を持たせる

　スライドの作り方に一貫性を持たせよう。見出しを，どんなフォント・大きさ・色の文字で書くのか。そのスライドで言いたいことを，どんなフォント・大きさ・色の文字で書くのか。強調文字のフォント・大きさ・色をどうするのか。こうした作りを全スライドで統一してしまおう。そうすれば，あなたのスライドに聴衆は慣れ，読み取りの効率が増す。これがもしもスライドごとに作り方が違うと，聴衆は混乱してしまう。そして，スライドの読み取りに集中できなくなってしまう。

　スライドは1枚1枚作っていくので，全スライドを眺めて作りを統一することを忘れ

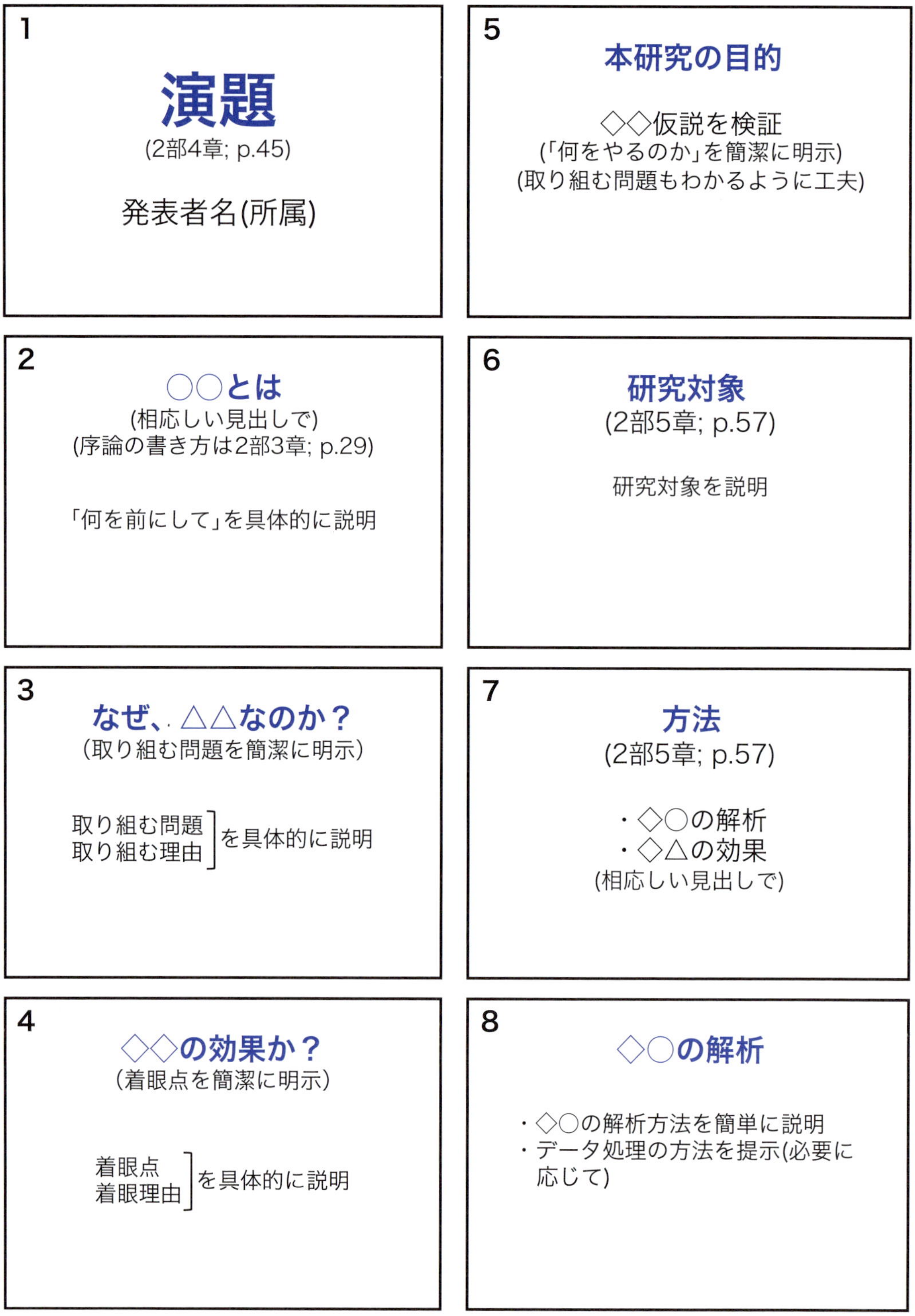

1 **演題** (2部4章; p.45) 発表者名(所属)	**5** **本研究の目的** ◇◇仮説を検証 (「何をやるのか」を簡潔に明示) (取り組む問題もわかるように工夫)
2 **○○とは** (相応しい見出しで) (序論の書き方は2部3章; p.29) 「何を前にして」を具体的に説明	**6** **研究対象** (2部5章; p.57) 研究対象を説明
3 **なぜ、△△なのか？** (取り組む問題を簡潔に明示) 取り組む問題 取り組む理由 }を具体的に説明	**7** **方法** (2部5章; p.57) ・◇○の解析 ・◇△の効果 (相応しい見出しで)
4 **◇◇の効果か？** (着眼点を簡潔に明示) 着眼点 着眼理由 }を具体的に説明	**8** **◇○の解析** ・◇○の解析方法を簡単に説明 ・データ処理の方法を提示(必要に応じて)

図 13 スライドの基本構成。該当部分で書くべきことの説明部分を添えている。折り込みスライドと対応づけて参照のこと。説明の便宜のため，スライドに通し番号を付けた。実際のスライドでは通し番号を付けなくてもよい。

9 ◇△の効果

(スライド8と同じ)

10 結果
(2部6.1,6.2節; p.61,65)

11 ◇○の解析
◇○であった
(結果から言えることを要約)

・わかりやすい形にまとめた結果を示す
・得られた結果の統合的解釈を示す(解釈が単純な場合は結果で行う)
(2部6.2節; p.65)

12 ◇△の効果

(スライド11と同じ)

13 考察
(必要な場合のみ)

14 ▽▽の影響
(相応しい見出しで)

得られた結果の統合的解釈を示す
(解釈が複雑な場合)(2部6.2節; p.65)

15 これまでの研究
(相応しい見出しで)

先行研究の検討を示す(2部6.3節; p.65)
・結論の傍証
・対立仮説との比較検討

16 結論
(2部6.4節; p.66)

□□である(結論を示す)

・◇○であった
・◇△であった (根拠を示す)

□◇のために(2部6.5節; p.68)
その問題に取り組んだ理由への応えを提示

がちである。だからとくに注意してほしい。ポスターは，全体を眺めながら作るので，作りは自然と統一されやすい。むろん，ポスターにおいても一貫性は大切である。

8.3 各スライドで書くべきこと

本節では改めて，各スライドで書くべきことを説明する。**図 13** および**折り込みスライド**を見ながら読み進めて欲しい。

図 13 は，スライドの構成の雛型である。ポスターの場合と同様（6.3節参照；p.148）1つの雛型であり，これに従うことを強要するつもりはない。

口頭発表では，要は，話の流れどおりにスライドを並べればよい（「演題 → 序論 → 研究対象と方法 → 結果 → 考察 → まとめ」という順番）。各項目の説明にスライドを何枚使うのかは臨機応変に。

以下で，各項目で書くことを説明する。

8.3.1　演題・発表者名・所属：図 13 スライド 1

《第 2 部第 4 章（p.45）も参照のこと》

1枚目のスライドで，演題・発表者名・所属を書く。発表者名・所属は共同発表者全員のものを書く。メールアドレスは書かなくてよい。1枚目のスライドを映している短い間にメモしてもらうのは無理である。

8.3.2　序論：図 13 スライド 2〜5

《第 2 部第 3 章（p.29）も参照のこと》

序論には，骨子となる5つ（第 2 部 3.2 節参照；p.31）を書く。各骨子は，ポスター発表の場合（6.3.3項参照；p.150）よりも膨らませて書いてよい。各骨子を書く順番と，書く長さの目安の基本は以下の通りである（「枚」と「行」の違いに注意）。

　　1　何を前にして：1〜数枚
　　2　どういう問題に取り組むのか：1〜2行
　　3　取り組む理由は：1〜数枚
　　4　どういう着眼で：1〜数枚
　　5　何をやるのか：1〜2行
　　（*2と3の順番は逆でもよい）

上記2（の取り組む問題）と上記3（の取り組む理由）は同じスライドに載せる（図13のスライド3・**折り込みスライド** 5のように）と効果的である（無理ならば別のスラ

イドにしてもよいが)。そうすれば，その問題に取り組む理由を理解しやすいからだ。「何をやるのか」は，1枚の独立したスライドとして示そう（図13のスライド5；折り込みスライド7）。序論の締めとして強く印象づけるべきである。

「何をやるのか」を示すスライドには，「本研究の目的」（あるいは「本研究の狙い」など）という見出しを必ず付けること。そして，取り組む問題も読み取れるように工夫して書く（折り込みスライド7のように）。研究目的とは，「○○という問題を解決するために△△をやる」という形をしているからである。たとえば，「牛タン定食を食べているからという仮説を検証」ではなく，「ベガルタ仙台が強いのは牛タン定食を食べているからという仮説を検証」と書くようにしよう。

序論に，「背景」「動機」などの見出しは必須ではない。こうしたことの説明をすることはわかっているからだ。それよりも，そのスライドの内容に即した見出しをつけるようにしよう。取り組む問題を示すスライドおよび着眼を示すスライドでは，折り込みスライド5，6のように，取り組む問題・着眼そのものを見出しにしてしまえばよい。

8.3.3　研究対象と方法：図13 スライド6〜9
《第2部第5章（p.57）も参照のこと》

「研究対象と方法」「研究対象」「調査対象」「方法」「◇○の解析」「◇△の効果」などといった見出しを適宜出して説明する。「方法」といった見出しのスライドを出す場合は，図13のスライド7や折り込みスライド8のように，各調査・実験の見出し（タイトル）も載せて概要がわかるようにしよう。

8.3.4　結果：図13 スライド10〜12
《第2部6.1節（p.61）も参照のこと》

冒頭で，「結果」とのみ書いたスライドを示すようにしよう。研究対象と方法の説明から結果の説明に切り替わったとわかるからである。

1つ1つの調査・実験等について，そのタイトルを見出しとして，結果（データ等）を提示する。その結果から言えることの要約も書く。見出しは，研究対象と方法で用いたものと同じにすること（対応をつけやすくするため）。

得られた結果の統合的解釈（第2部6.2節参照；p.65）を行う必要があり，かつ，その解釈が単純な場合は結果で行ってしまう。その場合は，「結果と考察」というスライドを冒頭で示すようにしよう。

8.3.5　考察：図13 スライド13〜15
《第2部6.2，6.3節（p.65）も参照のこと》

冒頭で，「考察」とのみ書いたスライドを示し，結果の説明から考察の説明に切り替わったとわかってもらうようにする。

ポスター発表の場合よりも考察を膨らませてよい。ただし，以下の場合のみに考察が必要となることに変わりはない。

> ☐ 得られた結果の統合的解釈（第2部6.2節参照；p.65）を行う必要があり，かつ，解釈を導く論理が複雑な場合。
> ☐ 先行研究の検討が必要な場合。

8.3.6 まとめ（結論・根拠）：図13 スライド16
《第2部6.4, 6.5節（p.66, 68）も参照のこと》

　問題に対する結論とその根拠を書く。その問題に取り組んだ理由への応えを書く場合はまとめに書く。「まとめ」という見出しを付ける（または，「まとめ」とのみ書いたスライドを示す）こともないと思う（好みの問題ではあるが）。口頭発表の場合は，まとめに入ることが話の流れからわかるからだ。

　その問題に取り組んだ理由への応えは，結論と同じスライドに載せることが望ましい（図13のスライド16・**折り込みスライド16**のように）。結論を受けてのことなので，同時に示してある方がわかりやすいからだ。それに，別のスライドにすると，結論のスライドの後にまたスライドが来ることになる。これには聴衆はちょっといらつく。結論のスライドが出たので「終わった」と思ったところに，まだ話が続くからである。ただし，取り組んだ理由への応えの説明が長い場合は，結論の後に，別のスライドとして提示してもよい。

第 9 章
口頭発表の仕方

本章では，口頭発表の仕方を説明する。成功させるために心がけるべきことを**要点 18** にまとめたので，これに従って説明していこう。

質疑応答の仕方に関しては第 10 章（p.179）を参照してほしい。

要点 18
口頭発表において心がけるべきこと

1. 発表練習をする
2. 発表時間を守る
3. 聴衆を見て話す
4. ステージの中央寄り前部に立って話す
5. 原稿を読み上げない
6. 会場の一番後ろまで届く声で話す
7. 適度に間を取りながら話す
8. 過度に抑揚をつけた話し方をしない
9. スライドにないことを話さない
10. ポインタ・指示棒をぴたっと指す
11. 図表の読み取り方を説明してから，データの意味することを述べる
12. スライドの印刷資料を用意する

9.1 発表練習をする

スライドができたら発表練習をしよう。その目的は 5 つある。

- ☐ 他者の意見を仰ぐため
- ☐ 説明の仕方を工夫するため
- ☐ スライドの作り方の問題点を見つけるため
- ☐ 淀みなく説明できるようになるため
- ☐ 発表時間を確認するため

ポスター発表の場合と同じなので，7.1節（p.152）を参照して欲しい。

9.2 発表時間を守る

　口頭発表では，あなたが説明する時間と質疑応答の時間が厳しく決められている。これらの時間を必ず守ろう。そうでないと，いろいろな人に迷惑をかけることになる。たとえば，説明が質疑応答の時間に割り込んでしまったら，質疑応答の時間が削られることになる。これは，聴衆にとって迷惑なことだし，あなたにとっても損なことだ（意見・質問を聞く機会を失うから）。質問応答の終了時間がずれ込むとなると，以降の進行に遅れを生じさせることになってしまう。こうした迷惑をかけないために，発表練習を積んで，時間内に説明を終えられるようにしておこう。質疑応答においては，簡にして要を得た答えを心がけよう。

9.3 聴衆を見て話す

　聴衆を見て話すことがプレゼンテーションの基本中の基本である。あなたは，自分の研究成果を聴衆に伝えたいと思っているのだ。ならば当然，伝えたい相手に向かって話す。むろん，スライドにも目をやる必要はある。ポインタや指示棒で指し示したり，ある部分を読み上げたりする場合などだ。その後はすぐに聴衆の方に視線を戻そう。聴衆に向かって語りかければ，聴衆も自ずとあなたを見てくれる。それだけ，あなたの話に引き込むことができるわけである。

　ときどき，スクリーンに映し出されたスライドをずっと見たまま話している人がいる。自分の研究成果をスクリーンに伝えたいのであろうか？　こんな話し方では，発表者の説明はただの「音声ガイド」になる。聴衆を引き込むことなどできやしない。

9.4 ステージの中央寄り前部に立って話す

　スクリーンを遮らないようにしつつ，ステージの中央寄り前部に立とう。そうすれば聴衆は，あなたとスライドを同時に見ることができる。聴衆を，あなたに注目させやすくなる。

　会場によっては，演者の立ち位置がステージの端っこに設定されているかもしれない。それでも構わず中央寄り前部に立とう。端っこに立って説明してしまうと，聴衆はあなたを見てくれなくなってしまう。これでは，せっかくの語りかけもうまくいきやしない。

パソコンを使って自分でスライドを送る場合は，操作のために演台に戻る必要がある。スライドの切り替えが近づいたら演台に戻り，切り換えたらまた中央前部に出るようにしよう。

マイクを使う場合は，胸に付けるタイプを選ぶか，マイクを手に持って話すようにする。そうすれば，中央寄り前部に立つことができる。マイクが机の上に固定されている場合も，構わずに外して手に持ってしまおう。

9.5　原稿を読み上げない

発表用の原稿を作った場合も，本番では原稿を読み上げてはいけない。原稿を見ずに，聴衆に向かって語りかけるようにしよう。そうすれば，活き活きとした話し方になり，聴衆に伝わりやすくなる。

原稿を覚え込むことができるのかと心配するかもしれない。案ずることはない。練習を重ねれば絶対に，原稿なしで発表できるようになる。なにしろスライドが映っているのだ。大切なことはすべて書いてある。スライドが記憶の手がかりとなって，言葉が出てくるはずだ。

9.6　会場の一番後ろまで届く声で話す

会場の一番後ろまで届く声で話そう。せっかくの発表も，声が聞こえないと台無しなのだ。地声でもよいしマイクを使ってもよい。要は聞こえればよい。

説明の最中には大きな声で話しているのに，質問に答えるときには声が小さくなる人がいる。質問者に対して話してしまうためだ。質疑応答も会場全体で共有すべきもの。全員に聞こえる声で話すことを忘れてはいけない。

マイクを手に持っているときは，マイクを口から離した状態で話さないように。その部分だけ言葉が聞き取れなくなってしまう。マイクを持った手でパソコンの操作等をするときには気をつけよう。

9.7　適度に間を取りながら話す

説明は，聴衆に理解してもらわないと意味がない。だから，適度に間を取りながら話をして，聴衆が咀嚼する時間を取ろう。早口は駄目だ。次から次へと言葉が繰り出されると，咀嚼する間もなく話が進んでしまう。そうならないよう，文と文との切れ目や，

1枚のスライドの説明を終えた後などに間を取る。聴衆の表情を見て，理解してくれているかどうかを確かめる。こうした配慮だけで，聴衆の理解はぐっと高まるものである。

一つ一つの言葉を語尾まできちっと発音することも心がけるように。そうすれば，むやみに早口にならずにすむ。

9.8　過度に抑揚をつけた話し方をしない

話し方は，熱意を込めつつも自然な調子である方がよい。あまりに抑揚をつけたり，あまりに感情を込めたり，あまりに馬鹿丁寧であったりすると，聴衆は不快に感じるのだ。見下されているような，教え諭されているような気分になってしまう。たとえば，学会発表や研究室セミナーで，舞台演劇のような話し方とか，テレビショッピングのような話し方をされたと想像してみよ。良い気分にはならないだろう。

もちろん，是非聴いて欲しいという気持ちを込めて話すべきである。あなたが面白いと思っている研究成果を発表するのだから，この気持ちが大切だ。要は，大げさな話し方にならないよう気をつけることである。身近な例では，気象予報士の話し方が良いと思う。

9.9　スライドにないことを話さない

スライドにないことを話してはいけない。話すからには，スライドに書いておく必要がある。そうでないと聴衆は，大切なことを聞き漏らしてしまうかもしれない。

演題を示したらすぐに本題に入ること。前置きは不要である。たとえば，「なぜ，ベガルタ仙台は強いのか：勝利を呼ぶ牛タン定食仮説の検証」という演題スライドを出しながら，「私とベガルタ仙台の出会いは……」などと話してはいけない。聴衆は，「早く話を進めろ」といらいらしてしまう。同様に，結論のスライドを示した後で，余計なことを付け加えてはいけない。たとえば，「牛タンは全国にあります。しかし牛タン定食は仙台だけです。それはなぜなのか……」などと話してはいけない。「さっさと質疑応答に入れ」と聴衆をいらつかせるだけである。

9.10　ポインタ・指示棒をぴたっと指す

ポインタや指示棒でスライドを指す場合はぴたっと指すこと。ふらついていると，どこを指しているのかわかりにくいのだ。ポインタを丸く動かしたり左右に動かしたりし

て，ある部分を強調的に指し示すこともある。その場合も，丸や左右に動かす部分をぶらさないように気をつけよう。

　スライドのある部分について説明するときは，その部分を必ず指し示すこと。そうでないと，どの部分の話なのか聴衆がとまどう可能性がある。ただし，ポインタの光や指示棒の先端を見続けて話をしてはいけない。指し示す位置を固定したら，聴衆の方を見て話すことを心がけて欲しい。

　ポインタや指示棒を左右どちらの手に持つのかにも原則がある。スクリーンがあなたから見て左側にあるのなら左手に，右側にあるのなら右手に持つ。そうすれば，聴衆の方を向いたままスライドを指し示すことができる。

9.11　図表の読み取り方を説明してから，データの意味することを述べる

　図表等が出てくるスライドの場合は，その読み取り方の説明（軸の説明等）をまずもって行う。読み取り方の説明をしないと，聴衆が図表を理解できない可能性があるのだ。「横軸は○○，縦軸は△△です」と，丁寧すぎるくらいに説明しておこう。

9.12　スライドの印刷資料を用意する

　スライドの印刷資料を用意しておこう。できれば，議論用のもの（そのままの大きさか，適度な大きさに縮小して印刷）と，配布用のもの（縮小して印刷；こちらは複数部用意）の2種類を作る。議論用のものは，発表時間外に個別に議論するときに使う。いろいろ書き込める方がいいので，あまり小さく印刷しないようにしよう。配布用の用途は文字どおりである。積極的に配って，あなたの研究を売り込もう。

9.13　発表用の原稿について

　口頭発表では，発表用の原稿を作る人が多い。最後に，原稿を作るべきかどうかについて述べておく。

　私は，作っても作らなくてもよいと思っている。どのみち本番では原稿を読まないのだ。だから，練習を重ねて，頭の中に原稿を作っておかないといけない。となると，その域にまで到達していない段階で，紙に書いた原稿に頼るか否かが問題となる。原稿を作っておけば，話すことを忘れてしまう可能性が減る。しかし，原稿を作るのにはかなりの時間がかかる。その時間を使ってでも原稿をきっちり作りたいのか。それとも，そ

の時間を使って発表練習を重ねる方が早いのか。もちろん後者の場合でも，話す内容のメモぐらいは作ってもよい。あなたの性格を考えて，あなたに合った方を選べばよいと思う。

　ただし，発表経験が少ないために自分がどちら向きなのか判断できない方や，発表経験がない方は，原稿を作ることを勧める。発表内容を文章として練り上げ，それを書き記しておく方が堅実なことは確かであるからだ。

第10章
質疑応答の仕方

本章では、質疑応答の仕方を説明する。ポスター発表にも口頭発表にも共通することなので、まとめて説明してしまう。

質疑応答はアドリブの世界であり、事前に準備して完璧に備えることはできない。とはいっても、身につけるべき基本姿勢というものがある。本章ではまず初めに、質問を怖がらずに歓迎してほしいと訴える。次に、質問への対応の仕方を説明する。

要点 19

質問への対応の仕方

1. あらかじめ、出そうな質問に対する答えを考えておく
2. 質問の意図を捉える
   ◇ 落ち着いて最後まで聞く
   ◇ 「○○ということでしょうか？」と確認する
   ◇ 「もう一度お願いします」と頼む
3. 自分を落ち着かせる
4. まず的確に答え、次に、必要に応じて補足説明をする
5. 質問者を見ながら答える
6. 他の聴衆にも届く声で答える
7. 質問者の声が小さいときは、他の聴衆のために質問を復唱する
8. 聴衆の知識に配慮する
9. 沈黙しない

10.1 質問を歓迎しよう

せっかく頑張って学会発表するのだ。質問を歓迎しよう。「批判されたらどうしよう」「答えられなかったらどうしよう」などと怖がってはいけない。質問が出ることは良いことなのである。その理由は2つある。

> ☐ 興味を抱いてくれたということである。
> ☐ 今後の研究に活かすことができる。

以下で，それぞれについて説明しよう。

10.1.1　興味を抱いてくれたということである

　質問が出ないとするならば，それは，あなたの発表を聴衆が理解したからではない。興味を抱かなかったからである。あるいは，それ以前の問題として，ほとんど理解できなかったからである。だから質問も出ない。理解できて，興味も抱いたのならば，何らかのことを聞きたくなるはずなのだ。質問が出るということは，あなたの発表を理解した上で，興味を抱いてくれた聴衆がいるということである。

10.1.2　今後の研究に活かすことができる

　他者の意見が有益であることは説明の必要もないであろう。あなたが見落としていた問題点を指摘してくれるかもしれない。より有効な解析方法を教示してくれるかもしれない。今後の発展につながることを示唆してくれるかもしれない。その研究分野の第一線の研究者が集まっているのだ。もらえるだけの意見をもらって帰ろう。質問内容を忘れないよう，できるだけ早くメモしておくことも心がけて欲しい。

10.2　質問への対応の仕方

　本節では，質問への対応の仕方を説明する。そのコツを**要点19**（p.179）にまとめたので，これに従って説明していこう。なお本節でいう「全員」とは，ポスター発表ならば，質疑応答の輪に加わっている全員，口頭発表ならば会場にいる全員のことである。

10.2.1　あらかじめ，出そうな質問に対する答えを考えておく

　事前準備として，出そうな質問を考えておこう。そして，それに対する返答を用意しておく。予想通りの質問が出たら，落ち着いて答えることができる。

10.2.2　質問の意図を捉える

　最も大切なことは質問の意図を捉えることである。これができないと始まらない。緊張しているので大変かもしれないが，なんとか頑張って欲しい。意図を捉えるための助言が3つある。

落ち着いて最後まで聞く

まずは，落ち着いて質問を最後まで聞くことである。やりがちな失敗が，質問の途中の言葉に反応し，勝手に誤解してしまうことなのだ。最後まで聞いた上で（聞きながら），質問者が何を言いたいのかを真剣に考える。これが基本だ。

「○○ということでしょうか？」と確認する

意図を正しく捉えたのか不安な場合は，「○○ということでしょうか？」と確認するとよい。質問者が「そうです」と肯定してくれれば，それに続けて返答を始める。あなたが誤解している場合は質問し直してくれるはずである。

「もう一度お願いします」と頼む

どうにも意図を捉えかねた場合は，「もう一度お願いします」と頼むしかない。「意図は何だろう？」と考え込んで沈黙してはいけないし，誤解に基づいた返答をするのも無意味だ。聞き返された質問者は，言葉を変えて質問し直してくれるはずである。

10.2.3　自分を落ち着かせる

返答するときには（質問を聞いているときも），意識して自分を落ち着かせるようにしよう。「落ち着いて」と心の中で言ってみるくらいでよい。返答を整理するために，「そうですね」と言って間をおくのもよい。ちょっとでも間を取れれば，案外と落ち着くことができるものだ。

10.2.4　まず的確に答え，次に，必要に応じて補足説明をする

返答は，的確かつ手短にすること。だらだらとした返答はいらつくし，質疑応答の時間を浪費するだけである。具体的には，以下の答え方を心がけよう。

> 1　まず的確に答える
> 2　必要に応じて補足説明をする

「はい」「いいえ」で答えられる質問には，「はい，○○です」「いいえ，△△です」とまずは答える。「○○の場合はどうですか？」というように，「はい」「いいえ」で答えない質問に対しても，「□□です」などとまずは答える。たとえば，ベガルタ仙台の研究における，牛タン定食を食べるか否かの操作実験（**折り込みスライド10，15**）に対して以下のような質問が出たとする。

> **質問**
> 「操作前の5試合での対戦相手と，操作後の5試合での対戦相手に実力差はありましたか？ もしも差があると，牛タン定食の効果を正しく検出できなくなります」

これに対してはこう答えるべきである。

> **良い答え方：差がなかった場合**
> 「【答え】いいえ，実力差はありませんでした。【補足説明】対戦相手の実力差がない時期を，実験対象チームごとに選んで実施したからです」
>
> **良い答え方：差があった場合**
> 「【答え】はい，対戦相手に少々の実力差がありました。【補足説明】しかしこの実験結果は，対戦相手の違いでは説明できないものです。たとえば，FCバルセロナが牛タン定食を食べ始めてからの対戦相手は，食べる前よりも強くなっていました。牛タン定食の効果がないのなら，FCバルセロナの成績は下がっていたはずです」

どちらの場合も，質問に対してまずは的確に答えている。そしてそれに続いて補足説明をしている。これならば，返答の要点も明確で，かつ，時間を浪費することもない。

悪い答え方は以下のようなものだ。

> **悪い答え方：差がなかった場合**
> 「対戦相手に実力差があるのかどうかは，私も一番気にした点です。どうしようかと悩んだのですが，試合の日程表を見ていたら，実力に差のない相手の対戦が続く時期があることに気づきました。そこで，実験対象チームごとに日程調整をしたら，うまく設定できました」
>
> **悪い答え方：差があった場合**
> 「ご指摘のように，対戦相手の実力差が違うと，牛タン定食の効果を見ているのか対戦相手の違いを見ているのかわからなくなります。そうは言っても，対戦相手の実力を揃えることは非常に難しいわけです。リーグがこちらの都合で日程設定をしてくれるわけもありませんから。でも実験結果は，対戦相手の違いでは説明できないものです。たとえば，FCバルセロナが牛タン定食を食べ始めてからの対戦相手は，食べる前よりも強くなっていました。牛タン定食の効果がないのなら，FCバルセロナの成績は下がっていたはずです」

どちらも，さして関係のないこと（言い訳等）をだらだらと述べている。しかし，質問

者が聞きたいのはこうしたことではない。質問に対する答えが欲しいのだ。こうした答え方をして質疑応答の時間を浪費するのは，聴衆にとってもあなたにとっても損なことである。

10.2.5　質問者を見ながら答える

　質問者を見ながら返答しよう。その聴衆が質問したのだから，その人に対して答えるのが自然である。無理して，全員に視線を向けながら答える必要はない。下手をすると，助け船を求めていると取られかねない。ただし，他の聴衆のことも意識して返答してほしい。質問者とのやりとりを他の聴衆に披露している気持ちを持つのだ。返答を終えたら聴衆全員に視線を戻す。そして他の聴衆からの質問を待つ。

10.2.6　他の聴衆にも届く声で答える

　他の聴衆にも聞こえる声で返答すること。質問と返答を，聴衆全員で共有するのである。これができないと，他の聴衆は無駄な時間を過ごすことになる。

10.2.7　質問者の声が小さいときは，他の聴衆のために質問を復唱する

　質問者の声が小さく，質問内容が他の聴衆に聞こえない場合もある。その場合は，「○○というご質問ですね」と，全員に聞こえる声で復唱しよう。そうすれば，他の聴衆もその質問を共有することができる。

10.2.8　聴衆の知識に配慮する

　聴衆にわかってもらうためには，その知識に配慮した説明をしなくていけない（2.2.2項参照；p.81）。これは，質疑応答にも当てはまることである。ところが質疑応答となると，説明なしに，全聴衆には通用しない専門用語を使ってしまいがちである。これは，その専門用語を質問者が使った場合にやってしまいやすい。その質問者はその専門用語を知っているので，改めて説明する必要もないと思ってしまうわけだ。しかしそれではいけない。質疑は，他の聴衆にも聞かせるものなのだ。他の聴衆がその専門用語を知っているとは限らない。だからあなた自身が，その専門用語の説明を補足してあげよう。その上で質問に答える。そうすれば他の聴衆も，その質疑についていくことができる。

10.2.9　沈黙しない

　返答が思い浮かばないこともありえる。だからといって沈黙してはいけない。そんなことをしたら，「駄目なやつ」と，あなたに対する評価が地に落ちてしまう。沈黙する分だけ，質疑応答の時間を無駄にすることにもなる。返答が思い浮かばない場合は，「じっくり検討してみます」「考えを整理して，後で個人的にお答えいたします」などと

言ってその場を区切ろう。そして次の質問を待つ。もちろん本当に，後でじっくり検討しなくてはいけない。

参考資料

本書執筆にあたって，下記のウェブページを参考にした。

竹中 明夫　聞き手と触れあうポスター発表のために
　http://takenaka-akio.org/doc/researcher/poster.html
　（主に，第 3 部第 7 章執筆の参考とした）

竹中 明夫　聞き手に届く学会発表のために——口頭発表の心得
　http://takenaka-akio.org/doc/researcher/oral.html
　（主に，第 3 部第 9 章執筆の参考とした）

竹中 明夫　学会やセミナーで質疑応答を楽しむ
　http://takenaka-akio.org/doc/researcher/discussion.html
　（主に，第 3 部第 10 章執筆の参考とした）

東洋インキウェブページ　COLOR SOLUTION；伝わる色の考え方・使い方　カラーユニバーサルデザイン
　http://www.toyoink1050plus.com/color-solution/ucd/
　2017.12.5 参照

日本眼科学会ウェブページ　先天色覚異常
　http://www.nichigan.or.jp/public/disease/hoka_senten.jsp
　2017.12.5 参照

索　引

<ア 行>

言いたいこと …………………………… 162
言いたいことを兼ねた見出し ………… 162
5つの骨子 ………………………… 29, 31
色を使って情報を対応づける ………… 110
絵的な説明 ………………………… 95, 96
得られた結果の統合的解釈 …………… 65
演題 …………………………… 45, 148, 170
大きな文字 ……………………………… 112
同じ説明 ………………………………… 85

<カ 行>

学会 …………………………………… 3, 6, 19
学会発表 ………………………… 9, 14, 77
記号の説明 …………………………… 130
結果 …………………………… 150, 171
結果から言えることの要約 …………… 62
結果の提示 ……………………………… 61
結果の見出し …………………………… 62
結論 ………………………… 24, 66, 137
結論を受けて …………………………… 68
研究結果・考察・結論の示し方 ……… 61
研究対象 ………………………………… 59
研究対象と方法 ………………… 150, 171
研究方法の説明 ………………………… 57
原稿 …………………………………… 175
講演要旨 ………………………………… 70
考察 …………………………… 65, 151, 171
口頭発表 …………………………… 10, 173
ゴシック体 ……………………………… 112
骨子の練り方 ………………………………… 41
個別情報を表す見出し ………………… 92
これから話す項目 ……………………… 158

<サ 行>

色覚多様性 ……………………………… 115
軸の説明 ………………………………… 126
指示棒 …………………………… 155, 176
質疑応答 …………………………… 17, 179

実験・調査等の内容の簡単な説明 …… 60
実験・調査等の狙いを示した見出し … 59
質問 …………………………………… 179
重要事項 …………………………… 102, 103
重要なこと ……………………………… 89
縮刷版 ………………………………… 156
主張を先に ……………………………… 138
情報の領域 …………………………… 141
情報保持の負担 ………………………… 98
情報を与える順番 ……………………… 86
所属 …………………………………… 170
序論 …………………………… 29, 150, 170
図 ……………………………………… 123
数値の比較 …………………………… 123
すっきりとしていてわかりやすい話 … 83
ステージ ……………………………… 174
図の軸 ………………………………… 128
図のタイトル ………………………… 126
図表 …………………………………… 119
図表の解釈 …………………………… 131
スライド …………………………… 23, 91, 157
スライドの印刷資料 ………………… 177
正確な数値を伝えたい情報 ………… 126
先行研究の検討 ………………………… 65
全体像 …………………………………… 94
その問題に取り組んだ理由への応え … 68

<タ 行>

大会 ……………………………………… 4
択一的な情報 ………………………… 126
着眼 …………………………………… 39
中央配置 ……………………………… 165
聴衆 …………………………………… 16, 81
聴衆の疑問 …………………………… 85
直感的な説明 …………………………… 89
データ処理の方法 ……………………… 60
どういう着眼で …………………… 29, 33
どういう問題に取り組むのか ……… 29, 32
どうしてやるのか ……………………… 30
取り組む問題 ……………………… 24, 36

187

索　引

取り組む理由 ………………………… 37, 43
取り組む理由は ……………………… 29, 33
取り組んだ問題への答え ………………… 66

<ナ　行>

長い言葉 ……………………………… 100
長い発表 ……………………………… 159
中身を要約した言葉 …………………… 100
何についての情報なのか ……………… 92
何を前にして ……………………… 29, 32, 35
何をやるのか ……………………… 29, 34, 40
２段組み ……………………………… 141

<ハ　行>

背景とのコントラスト ………………… 113
発表時間 ……………………………… 174
発表者名 ………………………… 150, 170
発表全体の目次 ……………………… 159
発表の現在位置 ……………………… 159
発表用の原稿 ………………………… 177
比較が目的ではない数値情報 ………… 125
必要な情報 …………………………… 84
表 ………………………………… 123, 125
不要な情報 …………………………… 84
プレゼン技術 ………………………… 75
付録 …………………………………… 151
文章での説明 ………………………… 95
ポインタ ……………………………… 176

ポスター ………………… 23, 91, 135, 152
ポスター発表 ………………………… 10

<マ　行>

まとめ …………………… 67, 137, 151, 172
短い言葉 ……………………………… 98
見出し …………………………… 102, 162
見て欲しい部分 ……………………… 108
見やすくする ………………………… 112
目次的な見出し ……………………… 92

<ヤ　行>

良い演題 ……………………………… 46
読む順番 ……………………………… 145

<ラ　行>

論理的なつながり ……………………… 88
論文の図表 …………………………… 121
論文の要旨 …………………………… 73
論文発表 ……………………………… 9

<ワ　行>

わかっていないからやるのか？ ……… 37
わかりやすい形にまとめた結果 ……… 62
わかりやすいスライド ………………… 158
わかりやすい発表 ……………………… 79
わかりやすいポスター ………………… 136
悪い演題 ……………………………… 50

これから学会発表する若者のために
──ポスターと口頭のプレゼン技術 第2版

A Guide for Oral and Poster Session, 2nd Edition

著者紹介

酒井聡樹(さかい さとき)

1960年10月25日生まれ

1989年3月 東京大学大学院理学系研究科植物学専門課程博士課程修了

現　在 東北大学大学院生命科学研究科・准教授・理学博士

専門分野 進化生態学

主要著書「これから論文を書く若者のために　究極の大改訂版」,「これから研究を始める高校生と指導教員のために：研究の進め方・論文の書き方・口頭とポスター発表の仕方」,「100ページの文章術：わかりやすい文章の書き方のすべてがここに」,「これからレポート・卒論を書く若者のために　第2版」(以上, 著；共立出版),「生き物の進化ゲーム―進化生態学最前線：生物の不思議を解く　大改訂版」(高田壯則, 東樹宏和と共著；共立出版),「植物のかたち：その適応的意義を探る」(著；京都大学学術出版会),「数理生態学」(共著；巌佐 庸 編, 共立出版) など

願　い サッカーが文化として日本に根づくこと。ベガルタ仙台が, 世界に名だたるクラブとなること。日本代表がワールドカップで優勝すること。

［URL］http://www7b.biglobe.ne.jp/~satoki/ronbun/ronbun.html

NDC　809.4, 809.6, 002.7, 407, 507.7　　　　　　　　　　　　検印廃止

2008年11月30日	初版　1刷発行	
2016年4月25日	初版14刷発行	
2018年7月15日	第2版　1刷発行	
2023年5月10日	第2版　2刷発行	

著　者　酒井聡樹 ⓒ2018

発行者　南條光章

発行所　**共立出版株式会社**
　　　　［URL］www.kyoritsu-pub.co.jp
　　　　〒112-0006　東京都文京区小日向4-6-19　電話　03-3947-2511（代表）
　　　　FAX 03-3947-2539（販売）　　FAX 03-3944-8182（編集）
　　　　振替口座　00110-2-57035

印　刷　加藤文明社

製　本　協栄製本

printed in Japan

ISBN 978-4-320-00610-2

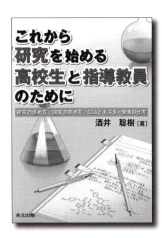

これから研究を始める高校生と指導教員のために

酒井聡樹 著

研究の進め方 **論文の書き方** **口頭とポスター発表の仕方**

論文執筆指導のカリスマが日本の高校生の研究力・発表力向上のために徹底指南

本書は、これから研究を始める高校生およびその指導教員のための本である。現在、多くの高校で、授業の一環としての課題研究や科学部での自主的な研究が行われている。本書は、そうした方々への手引き書である。本書では、研究の進め方・論文の書き方・口頭発表とポスター発表のプレゼン技術を説明している。
本書を読めば、課題研究を進める上で必要なことがすべてわかるだろう。本書は、四部構成である。

- ■第1部では、研究の進め方を説明する。研究とは何なのか、どうやって進めていくのか、どうやって成果をまとめるのか。データ解析の仕方も説明する。

- ■第2部では、論文執筆およびプレゼンの準備をする上で心がけて欲しいことを説明する。わかりやすい論文・プレゼンとはどういうものなのか。わかりやすくするために何を心がけるべきなのか。

- ■第3部では、論文の書き方を説明する。論文の構想の練り方、序論・タイトル・研究方法・研究結果・考察・結論・要旨といった各部分の書き方、図表の提示の仕方、引用文献・参考文献の示し方を、具体例を用いて説明する。

- ■第4部では、研究発表のためのプレゼン技術を説明する。わかりやすいポスター・スライドの作り方。発表本番での、ポスター・スライドの説明の仕方。質疑応答の仕方。これらを徹底解説している。

A5判・346頁・定価2,860円（税込）
ISBN978-4-320-00591-4
（価格は変更される場合がございます）

共立出版

第1部 研究の仕方
- 第1章 研究を始める前に
- 第2章 取り組む問題の決め方
- 第3章 研究の進め方
- 第4章 データ解析の基本
- 第5章 統計・作図ソフトRを使おう
- 第6章 研究の軌道修正
- 第7章 研究内容のまとめ方

第2部 論文執筆・プレゼン準備の前に
- 第1章 論文執筆・プレゼンにおいて心がけること
- 第2章 わかりやすい論文・プレゼンのために

第3部 論文の書き方
- 第1章 論文の構想を練ろう
- 第2章 序論に書くべきこと
- 第3章 タイトルのつけ方
- 第4章 研究方法の説明の仕方
- 第5章 結果で書き示すこと
- 第6章 考察で書くこと
- 第7章 結論で書くこと
- 第8章 要旨の書き方
- 第9章 図表の提示の仕方
- 第10章 引用文献と参考文献

第4部 プレゼンの仕方
- 第1章 わかりやすい発表をするためのプレゼン技術
- 第2章 プレゼンの図表において心がけること
- 第3章 スライドの作り方
- 第4章 口頭発表の仕方
- 第5章 ポスターの作り方
- 第6章 ポスター発表の仕方
- 第7章 質疑応答の仕方

※本文2色（一部4色）刷※

これからレポート・卒論を書く若者のために 第2版 大改訂

酒井聡樹 著

学生必携『これレポ』大改訂第2版!!

- ☑ 理系・文系は問わず、どんな分野にも通じるよう、レポート・卒論を書くために必要なことはすべて網羅した。
- ☑ 第2版ではレポートに関する説明を充実させ、"大学で書くであろうあらゆるレポートに役立つ"ものとなった。
- ☑ ほとんどの章の冒頭に要点をまとめたボックスを置き、大切な部分がすぐに理解できるようにした。問題点を明確にした例も併せて表示した。
- ☑ 学生だけではなく、社会人となってビジネスレポートを書こうとしている若者や、レポート・卒論の指導にかかわる教員にも役立つ内容となっている。

A5判・並製・264頁・定価1,980円（税込）
ISBN978-4-320-00598-3

目次

第1部　レポート・卒論を書く前に
第1章 レポート・卒論とは何か
第2章 なぜ、レポート・卒論を書くのか
第3章 わかりやすいレポート・卒論を書こう

第2部　研究の進め方
第1章 取り組む問題の決め方
第2章 研究の進め方
第3章 文献検索の仕方

第3部　レポート・卒論の書き方
第1章 レポート・卒論の構成
第2章 構想の練り方
第3章 説得力のある主張とは
第4章 序論の書き方

第5章 タイトルの付け方
第6章 研究方法の説明の仕方
第7章 結果の説明の仕方
第8章 考察の進め方
第9章 結論を書く上での注意事項
第10章 引用文献と参考文献
第11章 図表の提示の仕方
第12章 要旨の書き方

第4部　日本語の文章技術
第1章 わかりやすい文章とは
第2章 文章全体としてわかりやすくする技術
第3章 1つ1つの文をわかりやすくする技術

www.kyoritsu-pub.co.jp　　共立出版　　（価格は変更される場合がございます）

これから論文を書く若者のために
究極の大改訂版

酒井聡樹 著

究極のこれ論!!

論文執筆に関する全てを網羅し、アクセプトへと導く1冊。論文を書くにあたっての決意や心構えにはじまり、論文の書き方、文献の収集方法、投稿のしかた、審査過程についてなど、論文執筆のための技術・本質を余すところなく伝授!

A5判・並製・326頁・定価2,970円(税込)ISBN978-4-320-00595-2

目次

第1部 論文を書く前に
第1章 研究を始める前に
第2章 なぜ、論文を発表するのか
第3章 論文を書く前に知っておきたいこと

第2部 論文書きの歌:執筆開始から掲載決定まで
前奏 ズチャチャチャ ズチャチャチャ♪
1番 結果をまとめて結論出したら
　　取り組む問題決め直そう
2番 構想練ったら雑誌を決めよう
　　必ずあそこに載っけるぞ
3番 イントロ大切なにをやるのか
　　どうしてやるのか明確に
4番 タイトル短く中身を要約
　　書き手の狙いをわからせよう
5番 マテメソきちっと情報もらさず
　　読み手が再現できなくちゃ
6番 いよいよリザルト中身をしぼって
　　解釈まじえず淡々と
7番 山場は考察あたまを冷やして
　　どこまで言えるか見極めよう
8番 付録を作って本文補完だ 補助的情報まとめよう
9番 関連研究きちっと調べて 引用するときゃ正確に
10番 本文できたらアブスト書こうよ
　　主要なフレーズコピーして
11番 複雑怪奇な図表はいけない
　　情報減らしてすっきりと
12番 文献集めと文献管理は 日頃の努力が大切だ
13番 完成したなら誰かに見せよう
　　他人のコメント必要だ
14番 お世話になったらお礼を言わなきゃ
　　1人も残さず謝辞しよう
15番 最後の仕上げは英文校閲 英語を磨いて損はない
16番 いよいよ投稿ファイルを確認
　　ネットにつなげて慎重に
17番 いつまで経っても返事が来なけりゃ
　　控えめメールで問い合わせ
18番 レフリーコメントなるべく従え
　　できないところは反論だ
19番 リジェクトされても挫けちゃいけない
　　修正加えて再投稿
20番 このうた歌えば必ず通るよ
　　自分を信じて頑張ろう

第3部 論文を書き上げるために
第1章 効率の良い執筆作業
第2章 なかなか論文を書けない若者のために
第3章 修士論文・博士論文は、
　　　初めから投稿論文として書こう

第4部 わかりやすく、面白い論文を書こう
第1章 わかりやすい論文を書こう
第2章 面白い論文を書こう

付録の部 論文の審査過程

www.kyoritsu-pub.co.jp　　共立出版　　(価格は変更される場合がございます)